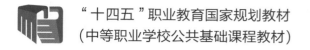

"十四五"职业教育国家规划教材

（中等职业学校公共基础课程教材）

信 息 技 术

（基础模块）

（上册）

总主编　蒋宗礼

主　编　傅连仲　王崇国　谭建伟　潘　澔

U0259039

电子工业出版社.

Publishing House of Electronics Industry

北京 · BEIJING

内 容 简 介

本书紧密结合中等职业教育的特点，联系信息技术课程教学的实际，突出技能和动手能力训练，重视提升学科核心素养，强化课程育人功能，符合中职学生认知规律和学习信息技术要求。

本书由 3 章构成，对应《中等职业学校信息技术课程标准》基础模块的第 1～3 单元。本书与《信息技术（基础模块）（下册）》配套使用，内容循序渐进，贯穿信息技术课程教学的全过程。了解信息技术基础是深入学习信息技术的前提，掌握网络应用、图文编辑、数据处理、数字媒体应用是适应信息社会生活和工作的基础，学习程序设计、人工智能是培养学生的计算思维、数字化学习与创新能力的有效途径，而提高信息素养、强化信息社会责任、做到立德树人、提升信息安全应用意识则是课程教学最终追求的根本目标。学习者若能熟练掌握书中相关知识和技能，将完全能够适应日常工作和生活中的相关应用需要。

本书可作为中等职业学校各类专业的公共课教材，也可作为信息技术应用的培训教材。

图书在版编目（CIP）数据

信息技术：基础模块. 上册 / 傅连仲等主编. —北京：电子工业出版社，2021.8

ISBN 978-7-121-41249-3

Ⅰ. ①信… Ⅱ. ①傅… Ⅲ. ①电子计算机—中等专业学校—教材 Ⅳ. ①TP3

中国版本图书馆 CIP 数据核字（2021）第 094939 号

责任编辑：赵云峰　　文字编辑：郑小燕　杨　波
印　　刷：北京盛通印刷股份有限公司
装　　订：北京盛通印刷股份有限公司
出版发行：电子工业出版社
　　　　　北京市海淀区万寿路 173 信箱　邮编　100036
开　　本：880×1230　1/16　印张：11.75　字数：270.72 千字
版　　次：2021 年 8 月第 1 版
印　　次：2023 年 8 月第 26 次印刷
定　　价：27.70 元

凡所购买电子工业出版社图书有缺损问题，请向购买书店调换。若书店售缺，请与本社发行部联系，联系及邮购电话：（010）88254888，88258888。

质量投诉请发邮件至 zlts@phei.com.cn，盗版侵权举报请发邮件至 dbqq@phei.com.cn。

本书咨询联系方式：（010）88254550，zhengxy@phei.com.cn（郑小燕）。

出版说明

为贯彻党的二十大精神，落实《中华人民共和国职业教育法》规定，深化职业教育"三教"改革，全面提高技术技能型人才培养质量，按照《职业院校教材管理办法》《中等职业学校公共基础课程方案》和有关课程标准的要求，在国家教材委员会的统筹领导下，根据教育部职业教育与成人教育司安排，教育部职业教育发展中心组织有关出版单位完成对数学、英语、信息技术、体育与健康、艺术、物理、化学7门公共基础课程国家规划新教材修订工作，修订教材经专家委员会审核通过，统一标注"十四五"职业教育国家规划教材（中等职业学校公共基础课程教材）。

修订教材根据教育部发布的中等职业学校公共基础课程标准和国家新要求编写，全面落实立德树人根本任务，突显职业教育类型特征，遵循技术技能人才成长规律和学生身心发展规律，聚焦核心素养、注重德技并修，在教材结构、教材内容、教学方法、呈现形式、配套资源等方面进行了有益探索，旨在推动中等职业教育向就业和升学并重转变，打牢中等职业学校学生的科学文化基础，提升学生的综合素质和终身学习能力，提高技术技能人才培养质量，巩固中等职业教育在职业教育体系中的基础地位。

各地要指导区域内中等职业学校开齐开足开好公共基础课程，认真贯彻实施《职业院校教材管理办法》，确保选用本次审核通过的国家规划修订教材。如使用过程中发现问题请及时反馈给出版单位，以推动编写、出版单位精益求精，不断提高教材质量。

中等职业学校公共基础课程教材建设专家委员会

2023 年 6 月

前　　言

习近平总书记在党的二十大报告中强调，从现在起，中国共产党的中心任务就是团结带领全国各族人民全面建成社会主义现代化强国、实现第二个百年奋斗目标，以中国式现代化全面推进中华民族伟大复兴。要加快建设制造强国、质量强国、航天强国、交通强国、网络强国、数字中国。要坚持教育优先发展、科技自立自强、人才引领驱动，加快建设教育强国、科技强国、人才强国，坚持为党育人、为国育才，全面提高人才自主培养质量，着力造就拔尖创新人才，聚天下英才而用之。

我们认识到，在信息化时代，计算思维已经成为最基本的要求，计算机技术已经成为最基本的技术，对建设制造强国、质量强国、航天强国、交通强国、网络强国、数字中国，对落实全面提高人才自主培养质量，着力造就拔尖创新人才，培养青年科技人才、卓越工程师、大国工匠、高技能人才具有重要意义，对为建设社会主义现代化强国、实现第二个百年奋斗目标培养人才来说，更是具有重要意义。必须进一步加强对各个专业学生的信息技术教育，不断提高他们的信息技术素养。这已经成为人才培养的基本要求。

信息技术是中等职业学校各专业学生必修的公共基础课程，旨在提高学生的信息技术素养。本书依据《中等职业学校公共基础课程方案》和《中等职业学校信息技术课程标准》编写而成。

本书紧密结合中等职业教育特点，密切联系中职信息技术教学实际，突出技能训练和动手能力培养，强化课程育人功能，符合中等职业学校学生学习信息技术要求。本书坚持党的职业教育办学方针，充分体现以全面素质为基础，以能力为本位，以适应新的教学模式、教学制度需求为根本，以满足学生和社会需求为目标的编写指导思想。

本书由 3 章构成，对应《中等职业学校信息技术课程标准》基础模块的第 1～3 单元。本书与《信息技术（基础模块）（下册）》配套使用，内容循序渐进，贯穿信息技术教育的全过程。了解信息技术基础是深入学习信息技术的前提，掌握网络应用、图文编辑、数据处理、数字媒体应用技术是适应信息社会生活和工作的基础，学习程序设计、人工智能是培养学生的计算思维、数字化学习与创新能力的有效途径，而提高信息素养、强化信息社会责任、做到立德树人、提升信息安全应用意识则是课程教学最终追求的根本目标。学习者若能熟练掌握书中相关知识和技能，将完全能够适应日常工作和生活中的相关应用需要。

在本书编写中，力求突出以下特色。

1. 深化课程思政。课程思政是国家对所有课程教学的基本要求，本书全面贯彻党的教育方针，落实立德树人根本任务，将课程育人贯穿于教学全过程，帮助教学者深刻领悟党的二十大精神，将中华优秀传统文化、中国智慧、新时代取得的重大历史性成就等思政元素融入教学，以溶盐于水、润物无声的方式引导学生树立正确的世界观、人生观和价值观。

2．贯穿核心素养。本书以提高实际操作能力、培养学科核心素养为目标，强调动手能力和互动教学，更能引起学习者的共鸣，逐步增强信息意识、提升信息素养。

3．强化专业技能。紧贴信息技术课程标准的要求组织知识和技能内容，摒弃了繁杂的理论，能在短时间内提升学习者的技能水平，对于学时较少的非专业学生有更强的适应性。

4．跟进最新知识。涉及信息技术的各种问题多与技术关联紧密，本书以最新的信息技术为内容，关注学生未来，符合社会应用要求。

5．构建合理结构。本书紧密结合职业教育的特点，借鉴近年来职业教育课程改革和教材建设的成功经验，在内容编排上采用了任务引领的设计方式，符合学生心理特征和认知、技能养成规律。内容安排循序渐进，操作、理论和应用紧密结合，趣味性强，能够提高学生的学习兴趣，培养学生的独立思考能力以及创新和再学习能力。

本书配备了包括电子教案、教学指南、教学素材、习题答案、教学视频、课程思政素材库等内容的教学资源包，为教师备课、学生学习提供全方位的服务。教师在教学过程中，要以培养和造就社会所需要的合格人才，促进社会发展、完善崇高事业和全面体现以人为本的时代精神为指引，坚持体现德智体美劳全面发展的教学理念，结合教学需要适当调整教学实施方案和教学素材的内容，采用线上提供丰富教学资源，线下有序固化学习成果的方法，恰当引入微课教学理念，有机拆分教学内容，达到教学相长的终极目的。学生在学习过程中，可根据自身情况借助多种方法、资源适当延伸教材内容，达到开阔视野、强化职业技能的目的。

本套教材由蒋宗礼教授担任总主编，蒋宗礼教授负责推荐、遴选部分作者，提出教材编写指导思想和理念，确定教材整体框架，并对教材内容进行审核和指导。

《信息技术（基础模块）（上册）》由傅连仲、王崇国、谭建伟、潘澔担任主编，《信息技术（基础模块）（下册）》由傅连仲、谭建伟、王崇国、潘澔担任主编。其中，第 1 章由谭建伟编写，第 2 章由张魁编写，第 3 章由傅连仲编写，第 4 章由潘澔编写，第 5 章由纪全、王钰茹编写，第 6 章由袁晓曦、任锦编写，第 7 章由谭建伟编写，第 8 章由汪振中编写。全书由傅连仲、王崇国、谭建伟、潘澔负责统稿；由赵丽英、蔡翔英、何琳、侯广旭进行课程思政元素设计；由刘冬梅、赵岩、曹剑英、苏彬对教学素材进行审核、整理；由段标、段欣、史宪美从教学实践过程等方面对编写体例和案例进行审核、修订；姜志强、赵立威、高玉民、陈瑞亭等专家从新技术、行业规范、职业素养、岗位技能需求等方面提供了相关资料、素材和指导性意见。

书中难免存在不足之处，敬请读者批评指正。

本书咨询反馈联系方式：（010）88254550，zhengxy@phei.com.cn（郑小燕）。

编　者

目　　录

第1章　信息技术应用基础

当今世界，信息技术的发展日新月异，对政治、经济、文化、社会、军事等领域的发展产生了深刻影响。信息化和经济全球化相互促进，互联网已经融入社会生活的方方面面，改变了人们的生产和生活方式。

信息技术特别是云计算、大数据、人工智能等新一代信息技术与人类的生产、生活交汇融合，不仅改变了人类社会的生产、生活形态，也催生了现实空间与虚拟空间并存的信息社会。因此，了解信息社会，掌握信息技术，增强信息意识，提升信息素养，树立正确的信息社会价值观和责任感，是现代社会对高素质技术技能型人才的基本要求。

场景 01　**信息存储**

现在要保存视频、照片、文稿等资料，第一时间想到的是使用 U 盘、云盘。中国古代曾以甲骨、竹简、木简、金属容器表面、帛、丝绸等为信息载体，蔡伦发明造纸术后，纸张成为广泛使用的信息载体。造纸术的发明和推广，对世界科学、文化的传播产生深刻影响，对社会的进步和发展起到重大的作用。随着计算机的问世，磁性存储介质（如磁盘、磁带）、电子存储介质（如硬盘、U 盘）和光盘存储介质逐渐进入人们的生活。其中，U 盘是计算机存储领域属于中国人的原创性发明专利成果。信息存储介质的示意图如图 1-1 所示。未来，人类将会发明存储密度更大、存储状态更稳定的信息载体，如使用 DNA 存储信息的生物存储介质。

竹简

造纸术

硬盘

U 盘

云存储示意

图 1-1 信息存储介质

数字生活

我国数字经济的快速发展极大地提高了人民生活的便捷性和质量。使用移动端 App 或小程序可以办理医保、社保、公积金、交通违章、生活缴费等各类业务。数字车钥匙功能支持用户购买设备绑定车辆，通过手机 App 实现车况查询、远程控车、车钥匙分享、无感入车等操作，摆脱携带传统物理钥匙的烦恼。

卫星遥感技术（如图 1-2 所示）可用于农业信贷，帮助他们快速获得贷款。农户通过在手机地图上圈出土地，确认自己的地块后，网商银行可通过卫星图像识别地块的农作物面积、农作物类型，并通过风控模型预估产量和价值，从而精准评估向农户提供的贷款额度，并确定合理的还款周期。

图 1-2　卫星遥感技术

导航系统

北斗卫星导航系统（如图 1-3 所示）是我国自主建设运行的全球卫星导航系统，是为全球用户提供全天候、全天时、高精度的定位、导航和授时及短报文通信服务的国家重要时空基础设施，已在交通运输、农林渔业、水文监测、气象测报、通信授时、电力调度、救灾减灾、公共安全等领域得到广泛应用。人们在外出时可以借助北斗卫星导航系统实现精准定位、获得实时路况、智能规划行车路线，从而躲避交通拥堵，也可以在等待公交车时查看公交车实时位置。

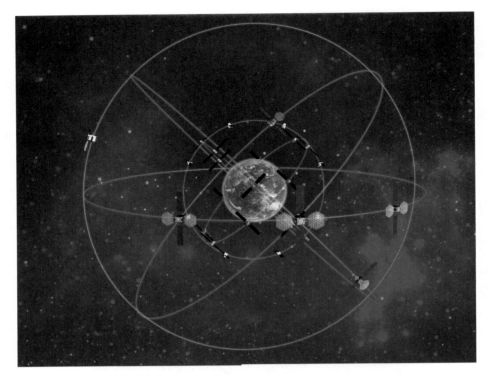

图 1-3　北斗卫星导航系统示意图

智慧医疗

　　我国把保障人民健康放在优先发展的战略位置。智慧医疗可以提高医疗效率，助力医疗公平化，有利于全面保障人民健康。在医学影像分析中，人工智能可帮助医生筛查病灶、勾画靶区、三维成像、分析病历等。和传统的根据经验逐张进行的人工阅片工作相比，人工智能会根据标准批量初筛，阅片时间短、准确率稳定，如图 1-4 所示。

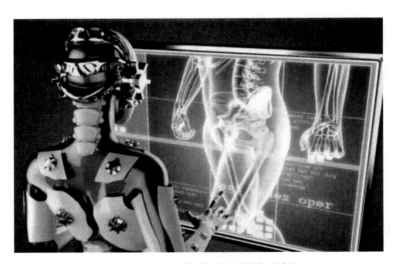

图 1-4　人工智能用于影像分析

任务 1　认知信息技术与信息社会

信息技术是经济社会发展的主要驱动力之一，是建设网络强国、智慧社会的基础支撑，其涵盖了信息获取、表示、传输、存储、处理和应用的各种技术。了解信息技术，不但有助于增强信息意识、发展计算思维、提升创新能力，也能有效地提高学习和工作的效率。

信息社会也称信息化社会，是人类社会完成工业化以后，信息起主要作用的社会。所谓信息社会，是以电子信息技术为基础，以信息资源为基本发展资源，以信息服务产业为基本产业，以数字化和网络化为基本社会交往方式的新型社会。认知信息技术与信息社会思维导图如图 1-5 所示。

图 1-5　认知信息技术与信息社会思维导图

◆　**任务情景**

即将进入职业学校学习的小华，想利用暑假去外地看望爷爷和奶奶。

父母给他购买好高铁车票，告诉他带好身份证，不用取火车票，验证身份证并刷脸就可以乘火车了。到了车站，小华学着其他乘客的做法，放好身份证，脸正对扫描屏幕，心里充满了疑惑：它真的认识我？核验通过后，开闸放行，小华顺利登上了去爷爷和奶奶家的列车。中国高铁因运营里程长、列车保有量多、商业运营速度快、运送旅客量大而被誉为世界第一，乘坐这样的列车出行令小华非常开心。

到了爷爷、奶奶家，堂哥热情接待远道而来的小华，告诉他，这会儿他还有工作要做，中午再请他吃当地著名小吃。在家上班？小华有些不解。临近中午，他没有看见爷爷和奶奶在厨房忙碌，堂哥也没有出去的打算，小华心里直打鼓，还有饭吃吗？有人敲门！开门一看，一个快递小哥拎着两兜餐盒站在门外，丰盛的美食有了。

下午，堂哥带着小华游览当地著名景点。到了景区门口，堂哥没有到售票处购票，而是直接拿出手机出示入园码，小华暗自惊叹：这样也行？

晚上看电视，几则新闻引起了小华的深思。一是城市引入智慧交通系统后，交通拥堵缓解、交通事故减少；二是当地建成了超算中心，可以解决大数据的计算问题，数字化生活水平更高了；三是公安民警成功破获电信诈骗案件，提醒广大市民避免上当受骗。

◆ **任务分析**

小华好奇地让堂哥解答自己的疑惑。

堂哥告诉小华：是信息技术解决了人们远程购物、智能识别等难题；信息技术的发展经历了漫长历程，对人类社会发展产生了巨大影响；人类社会正在向信息社会发展，社会特征和文化会出现新的变化；新型的信息社会也会出现新的道德、犯罪问题，需要行为约束和法律制约；信息社会一定会给人类社会带来全新的生活体验。

小华似懂非懂，但已清楚知道，要彻底解决困惑，需要了解信息技术、了解信息技术应用、了解信息社会的特征和文化、了解信息社会存在的问题和法律规制、了解信息社会的发展趋势。

1.1.1 了解信息技术概念

信息是指通信系统传输和处理的对象，泛指人类社会传播的一切内容。信息技术（Information Technology，IT），是用于管理和处理信息所采用的各种技术的总称。它主要是利用计算机科学和通信技术设计、开发、安装和应用信息系统及各种软件，因此，也常被称为信息和通信技术（Information and Communication Technology，ICT）。信息技术主要包括传感技术、计算机与智能技术、通信技术和控制技术等。以遥感卫星为例，收集环境信息的设备是传感器，对获取信息进行处理和存储的设备是计算机，将信息传回地面的设备是通信设备。

在信息技术的支撑下，人们可以轻松完成网络购票、网络订餐、娱乐、工作、学习等一系列活动。网络技术支持远距离信息交互，多媒体技术能够实现大量数据的网络传播，教育信息技术使传统课堂搬到了网络上，信息技术深刻地改变了人们的生活。

1．了解信息技术的定义

因信息技术使用的目的、范围、层次不同，人们对信息技术定义的表述也不同。有人认为，凡是能够扩展人的信息器官功能的技术，都可以称作信息技术。如味觉仿生传感器扩展了人类的味觉器官。也有人认为，信息技术以计算机技术、微电子技术和通信技术为特征，是人类在生产活动、科学实验、认识自然、改造自然过程中所积累起来的获取、传递、存储、处理信息的经验、知识、技能，以及将体现这些经验、知识、技能的有关资料有目的地结合的过程。

与本课程更为接近的信息技术定义是：在计算机和通信技术的支持下，用以获取、加工、存储、变换、显示和传输文字、数值、图像及声音等信息时，所涉及设备的应用方法、技术和设备的总称。

烽火台是中国最古老的通信设施之一：量子通信是新型的通信方式，作为信息技术核心设备的计算机，对扩大信息技术应用产生了不可估量的作用。现代信息设备示意图如图 1-6 所示。

常用办公设备　　　　　　　　　　超级计算机　　　　　　　　　通信设备图标

图 1-6　现代信息设备示意图

> **提示：**
>
> **烽火通信**
>
> 我国周代就有了用烽火传递信息的方法。烽火作为一种原始的光通信手段，服务于古代的军事战争。国都内及边境线上，每隔一段距离建一座烽火台，内储柴草，当敌人入侵时，便一个接一个点燃柴草，以烽火传递警讯。各路诸侯见到烽火，就马上派兵相助，共同抵御敌人。

现代教育领域涉及的信息技术，一般特指与计算机、网络和通信相关的技术。而信息技术教育不是单纯的技术教育，也不单指以信息技术研究和开发为目标的教育。

教育信息技术是在信息技术作为工具的前提下，对教学资源与学习资源信息化，实现教师教与学生学的优化过程。如教学资源数字化、网络化后，学生进行线上、线下混合式学习，教师可以根据数字信息了解学习情况。

信息技术教育的内涵由信息技术课程、信息技术与其他学科的整合两大部分组成。信息技术教育是素质教育的重要组成部分，主要培养学生的创新精神和信息技术实践能力，帮助学生掌握利用信息技术手段解决其他科目在学习中遇到的问题。例如，外出行程的规划、学习资料的收集，从而使学生达到强化计算思维、提升信息素养、促进全面发展的目的。

2. 了解信息技术发展

了解信息技术的发展，不仅为了知道信息技术的演变过程，更重要的是从中了解信息技术对人类社会的促进作用，进一步帮助人们理解信息技术对信息传播的影响力，加深对信息技术融入人类社会的认识。

信息技术发展历程见表 1-1，计算机发展历程见表 1-2，微型计算机发展历程见表 1-3。在信息技术发展的历程中，计算机使信息处理的速度和内容达到前所未有的高度，而微型计算机的面世、发展更使计算机应用领域不断扩大，应用水平不断提高。

表 1-1　信息技术发展历程

信息技术发展历程			
第一阶段	语言	50000 年前～35000 年前	口耳相传
第二阶段	文字	公元前 3500 年	信息保存
第三阶段	印刷技术	公元 1040 年	传播载体
第四阶段	电视、电报和电话	1837 年	电磁传播
第五阶段	计算机和网络	1946 年	计算机和通信结合

表 1-2　计算机发展历程

代　别	年　份	硬　件	软　件	代 表 机 型
第一代计算机	1946—1959	电子管和继电器	机器语言或汇编语言	中国：103、104、119 等 国外：ENIAC、IAS、IBM701 等
第二代计算机	1959—1964	晶体管和铁氧体磁芯	有编译程序的高级语言等	中国：109、441B 等 国外：IBM9090、IBM7094 等
第三代计算机	1964—1975	小规模或中规模集成电路（SSIC、MSIC）	多道程序设计和分时操作系统	中国：150、DJS-130 等 国外：IBM360、CDC6600、PDP-8 等
第四代计算机	1975—1990	大规模或超大规模集成电路（LSIC、VLSIC）和半导体存储器	并行多处理操作系统、专用语言和编译器	中国：银河Ⅰ号、长城 386 等 国外：Cray-Ⅰ 等
第五代计算机	1990 年—	集成电路制造工艺更加完善，出现了特大、极大规模集成电路（ULSIC、GSIC）	计算机语言更加丰富	中国：神威-Ⅰ、天河等 国外：IBM（深蓝）RS/6000 SP2

表 1-3　微型计算机发展历程

代　别	年　份	集 成 度	时 钟 频 率	典 型 产 品
第一代 4 位机	1971—1973	2000 晶体管/片	1MHz	Intel 4004
第二代 8 位机	1974—1977	5000 晶体管/片	2MHz	Intel 8080、Z80
第三代 16 位机	1978—1984	25000 晶体管/片	6MHz	Intel 8086/8088/80286
第四代 32 位机	1985—1995	100 万晶体管/片	66MHz	Intel 80386/486、Power PC
第五代 64 位机	1995 年—	550 万晶体管/片	200MHz	Intel Pentium Pro/Pentium 4

说一说

如何理解"算盘的出现被称为人类历史上计算器的重大改革"这个说法？

1.1.2　了解信息技术应用

小华通过扫描身份证进站，是图像识别技术和信息比对技术的综合应用。扫描器获取的身份信息，与身份证信息关联。系统验证持证人的身份，验证通过，则放行；验证失败，则禁止通行。

目前，信息技术广泛应用在人类社会的各个领域，对社会的发展与进步产生了巨大影响，小到个人的居家生活，大到国家的政治、经济和军事领域，信息技术的融入度越来越高，应用前景也更加广阔。

1．了解信息技术的应用领域

（1）居家生活。

计算机网络的普遍应用，使人们的日常生活自觉或不自觉地与网络关联起来，日常生活信息化、便捷化成为必然趋势，出现了居家工作、网络订餐、网络购物、远程医疗、网络交友等新的生活模式，人们足不出户就能解决日常生活中的各种问题。网络生活示意图如图 1-7 所示。

（2）社会生产。

随着社会生产自动化、数字化、智能化进程的不断加速，传统生产模式也在发生质的变化，批量加工、减材制造正在向着个性化定制、增材制造转变，社会生产效率急速提高，绿色、环保、节约型生产社会正在逐渐形成，也出现了产品众筹这种以开发某种产品（或服务）为目的的投资、筹款模式。

（3）教育教学。

信息技术与教育教学深度融合，教育教学手段和方法不断丰富，在线教学、多媒体辅助教学成为常态，教育方式个性化、网络化、远程化，能更好地满足学生的各种需求，网络教育示意图如图 1-8 所示。

图 1-7　网络生活示意图

图 1-8　网络教育示意图

（4）商业贸易。

信息技术与商　业贸易深度融合，使全球经济一体化逐步形成。货物、技术、服务等各种信息在全球范围内流动，任何交易都能轻而易举地利用网络迅速达成。信息技术在商贸领域的应用，免去了实体店面租赁的投入，降低了交易成本，达到了商家经济效益最大化，顾客交易付出最小化。

（5）社会管理。

信息技术与社会管理融合，有利于提高政府的行政效率，建立办事高效、运转协调、行为规范的行政管理体系。同时，也能为公众提供更有效的服务，凡是公众与政府有关的事项，都可以考虑利用信息技术改进服务、方便办理。此外，政府信息化开启了公众参政议政的便捷窗口，政府开通的网络服务平台是服务公众的便捷通道，也是获取意见和建议的良好途径。

2. 了解计算机及网络的社会应用

计算机良好的通用性使其广泛应用于各行各业，成为人类的重要帮手。计算机及网络的典型应用见表 1-4。

表 1-4　计算机及网络的典型应用

应 用 范 围	应 用 特 点	典 型 应 用
科学计算（数值计算）	计算量大，数值变化范围大	气象预报、火箭发射、地质勘探、工程设计等
数据处理（信息管理）	信息存储容量大，存取速度快	公文、报表、档案管理等
计算机辅助工程	降低成本和风险，缩短周期	工业产品设计、生产过程仿真等
过程控制（实时控制）	高速计算	卫星发射及飞行控制等
人工智能	高速计算，逻辑判断	自动驾驶、语音识别等
计算机网络	资源共享，远距离通信	电子商务、网络教育等

 说一说

举例说明信息技术的广泛应用对提高生活质量的作用。

1.1.3　了解信息社会的特征与文化

小华的堂哥可以在家网络购票，完成工作任务等。足不出户就可以进行工作、学习、社交、娱乐等各种活动，这就是典型的信息社会特征。信息技术将传统社会活动数字化、网络化、虚拟化，使信息网络成为承载人类活动的主要空间。

一般认为，信息社会是社会资源信息化之后的必然结果，信息化则是起着主导作用的动态过程。随着信息技术和信息产业在经济和社会发展中的作用不断增大，信息产业在国民经济中的比重不断提高，信息基础设施建设规模和信息技术在传统产业中的应用程度也日益扩大，对社会的影响扩展至方方面面。

1．了解信息社会的特征

有人将信息社会表述成基于通信、计算机网络、多媒体技术的生产、生活、办公自动化的社会。特殊的技术基础、新型的社会形态，必然导致有别于农业社会、工业社会的社会特征，具体表现特征见表1-5。

表 1-5　信息社会的特征

社会经济利益的表现特征	信息、知识是重要的生产力要素
	人类社会的能耗、污染得到有效控制
	信息、物质和能量一起构成社会赖以生存的三大资源
	社会的经济以信息经济、知识经济为主导
生产、生活和文化方面的表现特征	实现计算机化、自动化，形成覆盖面极广的高速通信网络、数据高度集中的大数据中心
	出现了多样化、个性化、智能化的生产、生活和文化娱乐新形态
	个人可支配的时间与活动空间有较大幅度增加和扩展，"虚拟社区""地球村""E时代"正逐渐形成
社会观念上的表现特征	开放、平等、多元、自治作为与传统社会区别的主要特征
	尊重知识、人才的社会价值观，创新、创业的精神和意识，成为社会的新风尚和主旋律

2．了解信息社会文化

信息社会的文化形态，以信息技术广泛应用于社会生活为主要特征。界定有关概念虽有多个视角和多种观点，但信息技术是信息社会文化产生、发展的标志。

信息社会文化是以信息技术为支撑的新文化形态，与其他文化一样也涵盖物质形态、社会规范、行为方式和精神观念四大层面，见表1-6。

表 1-6　信息社会文化的四个层面

物质形态的信息文化	信息资源系统和信息技术体系，构成物质形态信息文化的主要内容和发展基础
社会规范的信息文化	确立人类信息活动的道德准则和法理制度，是社会信息活动的基本依据和总体要求
行为方式的信息文化	在信息扩散、中介、接受、吸纳和再生的全过程中，个人的、民族的、地域的特色与普遍规律结合，形成了具有人性魅力和影响的信息行为方式
精神观念的信息文化	精神观念的信息文化是人类个人和群体精神的、内化的信息意识和素养的集中体现，而这种文化体的心理构成和意识，成为社会信息文化的精神支撑，是信息文化的核心所在

四种形态的信息文化具有明显的层级，而作为物质形态的信息文化和作为社会规范的信息文化是广义信息文化的物化基础，作为行为方式的信息文化和作为精神观念的信息文化是广义信息文化的理性分析。因而，人们更倾向于把作为行为方式的信息文化和作为精神观念的信息文化看成是严格意义上或狭义的信息文化。

信息文化的主要特征表现为：数字化、全球化体现了信息时代的物质文化特征；虚拟性、交互性体现了信息时代的行为文化特征；开放性、自治性、自律性成为信息时代制度文化的特色；信息交流自由、平等、共享的理念正逐渐演化为信息时代精神。

说一说

在信息社会如何树立正确的世界观、人生观、价值观？

1.1.4 了解信息社会存在的问题、道德约束和法律常识

小华在电视上看到的电信诈骗案件，和在全世界频繁出现的勒索恶意代码一样，都是信息社会导致的新型犯罪问题，也是信息应用达到某一程度衍生的犯罪。

信息技术影响着人类社会，给人类工作、生活带来便利的同时，其负面作用也渐露端倪。信息安全与网络犯罪、信息爆炸与信息质量、个人隐私权与文化多样性的保护等对立问题，也对信息社会提出新挑战。要消除信息社会的诸多负面问题，必须从观念、制度、技术、管理等方面着手进行综合治理，同时强化信息道德，善于运用法律武器捍卫信息应用环境的安全和维护自身的权益。

1. 了解信息社会存在的问题

在信息技术广泛应用，信息与生产、生活深度融合的社会，信息量巨大造成的选择困难、安全威胁、追查违法犯罪困难、侵犯个人隐私权、信息贫富鸿沟加大等，必将成为严重的社会问题，具体表现见表 1-7。

表 1-7 信息社会存在的问题

信息污染	虚假信息、垃圾信息、过时信息、冗余信息、不健康信息
信息犯罪	传统犯罪将与信息技术关联，呈现传统犯罪信息化、网络化、智能化的特征，也会出现窃取信息、侵犯知识产权、侵犯个人隐私权等针对信息的新型犯罪形式
信息霸权	信息权威将成为社会权力的主体，信息歧视、文化泛滥或将成为腐蚀社会机体的新毒素和影响社会发展进步的新阻力

2. 了解信息社会的道德问题

信息社会的道德，多指在信息采集、加工、存储、传播和利用等活动的各个环节中，规范各种社会关系的道德意识、道德规范和道德行为的总和，简称为信息道德。

（1）信息道德的两个方面。

信息道德作为信息管理的一种手段，与信息政策、信息法律有密切的关系，它们各自从不同的角度对信息及信息行为进行规范和管理。

信息道德有主观和客观两个方面。前者指人类个体在信息活动中表现出来的道德观念、情感、行为和品质，如对信息劳动的价值认同、对非法窃取他人信息成果的鄙视等，即个人信息

道德；后者指社会信息活动中人与人之间的关系，以及反映这种关系的行为准则与规范，如扬善抑恶、权利义务、契约精神等，即社会信息道德。

信息道德的三个层次分别是信息道德意识、信息道德关系、信息道德活动。

（2）信息技术道德。

信息技术道德是随着信息技术的发展而逐渐产生的，以科学技术道德为基础，由于信息技术的特殊性、影响力，道德要求有所拓展。如何从道德的角度，对信息技术的研制、开发、利用进行必要的规范和约束，减少负面效应而增强正面效果，保证信息技术朝着有利于人类生存、有利于社会发展的方向进行，是信息技术道德研究的重点。

（3）网络道德。

网络道德则是随着计算机、互联网等现代信息技术出现的新要求。互联网发展衍生出的网络社会、真实生活社会之外的虚拟生活社会开始产生并逐渐繁荣，网络社会对人们的工作、学习、生活有极大的帮助作用，对社会经济、政治、文化发展也有巨大的影响作用。为了规范和管理网络社会中的各种关系，将社会伦理道德引入其中，形成了有针对性的网络道德。

3．了解信息社会的法律常识

行为规范包括技术规范和社会规范。技术规范是调整人与自然之间的行为规则，用以指导人们认识自然，并在自然规律的作用下取得有益的社会效果。社会规范是调整人与人之间社会关系的行为规则，法律规范就是其中的一种。从内容上讲，信息立法主要包括以下四个方面。

（1）维护信息用户权利的法律规范。

相关法律既是用户合法使用信息的前提，更是保障用户安全使用信息的基础。其中有保护政府机关部门和单位、个人利益和用户信息、数据的保护法，有保护计算机硬件、软件作品、数据信息的知识产权保护法，也有保护个人生活秘密和生活自由的隐私权保护法等。

（2）维护信息安全、惩治网络犯罪的法律规范。

此类法律以防范网络犯罪行为、惩罚犯罪、保护网络资产为目的，界定网络犯罪行为。比较典型的条文有：未经许可访问计算机系统、网络、程序、文件，存取数据；未经许可使用计算机系统或网络，存取信息或输入虚假信息，侵犯他人利益；未经许可利用计算机系统或网络进行诈骗、或窃取现金、金融证券、情报、信息和程序；故意破坏、损害、篡改、删除程序、数据和文件，破坏、更改计算机系统和网络系统，中断或拒绝计算机服务；非法获得计算机服务；制作、传播恶意程序等。以上行为都触犯了相关法律，视情节轻重处以罚款或监禁，或者两罚并用。

（3）网络金融商贸领域中的法律规范。

此类法律以保护网络金融秩序，保障网络交易安全为目的。其中有保障电子金融安全和应用秩序的电子金融法律规范，也有保障网络交易活动安全、可靠、有效的电子贸易法律规范。

（4）有关信息诉讼和信息证据的程序法规范。

信息法律实施在一定程度上依赖于电子文件的法律效力和证据能力，对电子证据的种类、分析、可采性和证据价值进行明确界定，有利于发挥电子证据的效力。其中有收集提取和审查判断电子数据的规定，有对证据类型的规定，也有对电子证据审查的具体要求。

说一说

社会资源信息化给生活带来哪些变化？

1.1.5　了解信息社会的发展趋势

随着以计算机为代表的信息技术的不断发展和进步，信息技术正逐渐涉及人类社会的全部活动领域，大到社会形态，小到个人生活，都将发生巨大变化，人类社会也必将伴随着信息技术的进步而不断改变。人脸识别、智慧交通等技术的综合、深度应用，必将提高社会治安治理、交通疏导管控能力，促进人类社会向着智慧型社会发展。

1. 了解信息社会的各种变化

社会信息高度集中和应用范围极度扩大，使人类社会的生产、生活和组织管理结构都发生了较大变化。

（1）形成新的生产力与生产关系。

生产力决定生产关系，信息社会的信息资源改变了生产力条件，催生了新型的生产关系。在新型生产关系作用下，生产力水平较低的国家有可能实现跨越式发展，信息社会将是生产力更加发达的社会。

（2）产生新的社会组织管理结构。

不同的生产力基础，形成与之相适应的组织管理结构。信息技术促进文化、知识、信息传播，为人们充分表达意愿提供了技术条件。同时，打破了传统管理层垄断信息的局面，传统的管理体制将受到冲击。如互联网信息传播渠道形成了上传下达的新型信息交互模式，使管理组织结构有了新的变化。

（3）出现新型的社会生产方式。

信息社会将出现多种新型的生产方式，主要表现是传统的机械化的生产方式被自动化的生产方式所取代；刚性生产方式变化为柔性生产方式；大规模集中性的生产方式正在转变为规模适度的分散型生产方式；信息和知识生产成为社会生产的重要方式。如能够个性化定制的产品越来越多，小到茶杯、T恤，大到电器产品等。

（4）调整产业结构、催生新兴产业。

信息技术发展催生新兴产业，如图1-9所示。壮大信息产业，相关产值在全社会总产值中的比重不断上升，并逐渐成为社会最重要的支柱产业。传统产业在信息技术的作用下实行技术改造，使传统产业与信息产业之间的边界模糊，整个社会的产业结构处在不断地变化过程中。信息社会智能工具的广泛使用，进一步提高了整个社会的劳动生产率，加快了整个产业结构向服务业的转型。信息社会将是一个服务型经济社会，信息产业在社会发展中的地位将不断攀升。

图 1-9　信息社会的新兴产业

（5）改变就业形态与就业结构。

新的就业方式开始出现，就业结构也将发生新的变化。在工业社会向信息社会转型的过程中，信息技术的发展催生了一大批新的就业形态和就业方式，劳动力人口主要向信息部门集中，传统雇佣方式受到挑战，全日制工作方式朝着弹性工作方式转变。信息劳动者的增长是社会形态由工业社会向信息社会转变的重要特征，如网络兼职已是常见就业形式。

（6）催生新的交易方式。

信息技术的发展使得交易方式出现新的变化。一是信息技术的发展促进了市场交换客体的扩大，知识、信息、技术、人才市场迅速发展；二是信息技术发展所带来的现代化运输和信息通信工具，使人们突破了地域障碍，世界化的市场开始形成；三是信息技术提供给人们新的交易手段，电子商务成为实现交易的基本形态，市场交易空间的限制越来越小。如网络交易种类、交易量正逐步扩大，呈现涵盖所有商品的趋势。

（7）加快城市群建设进程。

随着社会工业化进程的加快，城市成为人类主要聚集地。在工业社会向信息社会的演进过程中，人类以大城市聚集为主的方式正在发生变化，城市人口在经历了几百年的聚集之后开始出现扩散化的趋势，中心城市发展速度减缓，并出现郊区化现象。大城市人口的外溢，使城市从传统的单中心向多中心发展。不同规模和等级的城市之间通过发达的交通网络和通信网络，形成功能上相互补充、地域上相互渗透的城市群，城市群在整个国民经济发展中的地位和作用越来越突出。如城市一体化进程明显加快，逐渐形成了城市经济圈。

（8）衍生出数字化生活方式。

信息社会新的生活方式也正在形成，智能化的综合网络将遍布社会的各个角落，智能手机、平板、电视、计算机等各种信息化的终端设备无处不在。"无论何事、何时、何地"人们都可以获得文字、声音、图像等信息。在信息社会的数字化家庭中，易用、价廉、随身的消费类数字产品及各种基于网络的智能家电被广泛应用，人们生活在一个被各种信息终端所包围的社会中。如网络学习、网络生活、网络娱乐正成为常态。

（9）导致新战争形态。

在信息社会，传统武器被智能化的系统所控制，人类社会进入信息武器时代。信息社会的战争形态主要是信息战，它是军事（政治、经济、文化、科技及社会一切领域）集团抢占信息空间和争夺信息资源的战争。信息战争的特点是：战争将最终表现为对信息的采集、传输、控制和使用上，获得信息优势是参战方的主要目标；武器装备呈现出信息化、智能化、一体化的趋势，打击精度空前提高，杀伤威力大大增强；战争形态、作战方式也随之出现一些新的特征，战场空间正发展为陆、海、空、天、网络空间五位一体，全纵深作战、非线式作战正成为高技术条件下战争的基本交战方式；为适应战争形态的变化，作战部队高度合成，趋于小型化、轻型化和多样化，指挥体制纵向层次减少，更加灵便、高效。

2. 讨论与思考

（1）信息社会对人类生产、生活有什么影响？

（2）信息社会的数字化学习有哪些具体表现？

 说一说

社会资源信息化给生活带来哪些变化？

任务2 认识信息系统

信息系统是由人机构成的复杂系统，在这一系统中数据是被处理的对象，计算机等设备是处理数据的工具，终端是人机交互的设备。人机交互由输入设备和输出设备完成，前者将数据送入系统中，经计算机加工处理后，后者才能使表述的信息更加直观或准确。认识信息系统思维导图如图1-10所示。

图 1-10　认识信息系统思维导图

◆　**任务情景**

信息技术课前，老师和几个学生搬来了一台微型计算机。

小华有点纳闷，今天课程的内容不是认识信息系统吗？这台计算机就是信息系统？

小华跑上讲台，好奇地看向打开的机箱，内面电路板上有各种电子元件、插槽、接口，这样的电路能处理信息吗？怎样处理文字、声音和图像呢？

上课铃响了，小华赶紧回到座位，希望在老师的引导下解开所有疑惑。

◆　**任务分析**

小华的疑惑有三个：一是计算机就是信息系统吗？二是电子计算机能处理哪类信息？三是计算机处理信息前需要做怎样的变换？

要解答小华的困惑，需要了解信息系统组成及运行机制、了解数制和数制转换、了解信息编码和信息存储。了解信息系统组成能够解答小华的第一疑惑，明白计算机与信息系统的关系；了解数制和数制转换能够解答小华的第二个疑惑，信息只有转换成二进制才能被具有两个稳定状态的电子计算机处理；了解信息编码和存储可以解答小华的第三个疑惑，需要计算机处理信息必须进行编码处理。

1.2.1　了解信息系统组成及运行机制

小华看到的微型计算机不能被称为信息系统，只能说是信息系统的重要组成部分。基于现代信息技术的信息系统（Information System）是由计算机硬件、网络和通信设备、计算机软件、信息资源、信息用户和规章制度组成的，以处理信息流为目的的人机一体化系统。信息系统主要有六个基本功能，即对信息的输入、传输、存储、处理、输出和控制。信息系统经历了简单的数据处理信息系统、孤立的业务管理信息系统、集成的智能信息系统三个发展阶段。

1. 了解信息系统的组成

常用的信息系统主要由计算机、通信设备和存储设备等几个部分组成。

计算机硬件：由电子、机械和光电元件等组成，用于处理数据信息的计算机物理装置的总称。

计算机软件：计算机运行所需要的程序及文档。

数据通信设备：用于数据通信的交换设备、传输设备和终端设备的总称。

数据存储设备：用于存储信息的设备。

信息处理规则：信息系统运行、运作所遵循的法则。

信息系统管理者和信息用户：管理和使用信息系统的人。

2. 理解计算机硬件的基本结构

计算机是由巨型机、大型机、小型机、微型计算机和便携式计算机组成的一个庞大的家族，不同类型计算机的规模、性能、结构、应用等方面存在很大的差异，但基本结构都由五大基本部件组成，分别是运算器、控制器、存储器、输入设备和输出设备。早期计算机的硬件结构是以运算器为中心，现在的计算机已转向以存储器为中心的硬件结构，如图 1-11 所示。

（1）运算器。

运算器又称算术逻辑单元（Arithmetic and Logic Unit，ALU），是计算机对数据进行加工处理的部件，主要执行算术运算和逻辑运算。

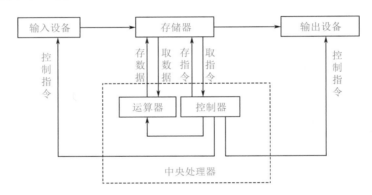

图 1-11　五大基本部件的工作关系

（2）控制器。

控制器是计算机的指挥控制中心，负责从存储器中取出指令，并根据指令要求向其他部件发出相应的控制信号，保证各个部件协调一致地工作。

（3）存储器。

存储器是计算机的记忆存储部件，用来存放程序指令和数据。存储器可分为内存储器和外存储器。内存储器主要存放当前正在运行的程序和程序临时使用的数据；而外存储器是指外部设备如硬盘、U 盘、光盘等，用于存放暂时不用的数据与程序，属于永久性存储器。

（4）输入设备。

输入设备负责把用户命令包括程序和数据输入计算机，键盘是最常用和最基本的输入设备之一，人们可以利用键盘将文字、符号、各种指令和数值输入计算机。

（5）输出设备。

计算机的输出设备主要负责将计算机中的信息，如各种运行状态、工作的结果、编辑的文件、程序、图形等，传送到外部媒介以供用户查看或保存。

3．理解数据的计算机处理过程

计算机按照人们的基本需求对数据进行加工处理，以形成满足应用需要的信息，因此，计算机处理数据的过程也是人机共同对数据的加工过程。计算机处理数据的流程如图 1-12 所示。

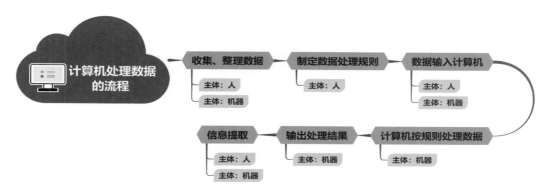

图 1-12　计算机处理数据的流程

4．理解计算机运行机制

计算机运行时，先从内存中取出第一条指令，通过控制器译码了解指令类型，然后按指令的要求，从存储器中取出数据进行指定的运算和逻辑操作等加工，运算结果再按地址送到内存中。接下来再取出第二条指令，在控制器的指挥下完成规定操作，依次进行，直至遇到停止指令。在计算机中，程序与数据存取相同，按程序编排的顺序，一步一步地取出指令、数据，自动地完成指令规定的操作。因此，计算机的工作原理可以概括为存储程序控制。

 说一说

以计算机运行控制为例，说明在生活中遵守规则的重要性。

1.2.2　了解二进制、十进制、十六进制及转换方法

需要站在不同角度回答计算机能处理哪类信息这一问题，计算机能直接处理的只有二进制数，其他信息需要转换成二进制数后，才能被计算机处理。

"数制"指进位计数制，同一个数可以采用不同的进位计数制来计量。在日常生活中，人们习惯使用十进制计数，而计算机电路的开关特性使计算机更适合处理二进制数，因此，十进制数输入计算机系统之前必须转换为二进制数。同样，为了方便人们识别，计算机系统输出的

二进制数也必须转换为十进制数。在讨论信息系统时为了简化记录，也会涉及八进制和十六进制，两者可以用来表示数值较大的二进制数。

1. 了解进位计数制

日常生活中广泛使用的十进制并不是唯一的进位计数制，钟表的秒和分采用六十进位制，小时采用二十四进位制。在进位计数制的数字系统中，如果用 R 个基本符号（0、1、2、…、$R-1$）表示数值，则称其为 R 进制，R 是该数制的基。十进制的 $R=10$，基本符号为 0、1、2……9。二进制数的 $R=2$，基本符号为 0、1。同理可知，八进制有 8 个基本符号；十六进制有 16 个基本符号，十六进制的基本符号为 0、1……9、A、B……F。

R 进制计数法：

$$(N)_R = a_{n-1}R^{n-1} + a_{n-2}R^{n-2} + \cdots + a_1R^1 + a_0R^0 + a_{-1}R^{-1} + \cdots + a_{-m}R^{-m}$$

例如：

$$(41.625)_{10} = 4 \times 10^1 + 1 \times 10^0 + 6 \times 10^{-1} + 2 \times 10^{-2} + 5 \times 10^{-3}$$

2. 理解不同进位计数制之间的转换

（1）R 进制数转换为十进制数。

基数为 R 的数字，只要将各位数字与它的权相乘，其积相加，和就是十进制数。

例如：

$$(101001.101)_2 = 1 \times 2^5 + 0 \times 2^4 + 1 \times 2^3 + 0 \times 2^2 + 0 \times 2^1 + 1 \times 2^0 + 1 \times 2^{-1} + 0 \times 2^{-2} + 1 \times 2^{-3}$$
$$= (41.625)_{10}$$

（2）十进制数转换为 R 进制数。

将十进制数转换为 R 进制数时，需要把整数部分和小数部分分别转换，然后再拼接形成完整数值。整数部分转换采用除以 R 取余的逆序排列法，小数部分转换采用乘 R 取整的顺序排列法（小数部分乘积若永不为零，则取值达到要求精度为止）。

例如：$(11.7)_{10} = （\ ?\ ）_2$

整数部分　11÷2=5 ……余数 1　　　　　小数部分　0.7×2=1.4 ……整数部分为 1

　　　　　5÷2=2 ……余数 1　　　　　　　　　　0.4×2=0.8 ……整数部分为 0

　　　　　2÷2=1 ……余数 0　　　　　　　　　　0.8×2=1.6 ……整数部分为 1

　　　　　1÷2=0 ……余数 1　　　　　　　　　　0.6×2=1.2 ……整数部分为 1

　　　　　　　　　　　　　　　　　　　　　　　0.2×2=0.4 ……整数部分为 0（循环）

整数逆序排列得：$(11)_{10} = (1011)_2$

顺序排列（若要求 4 位小数）得：$(0.7)_{10} = (1011)_2$

故　　$(11.7)_{10} = (1011.1011)_2$

例如：$(269)_{10}$＝（　?　）$_8$＝（　?　）$_{16}$

$$269 \div 8 = 33 \quad \cdots\cdots \text{余数 } 5 \qquad 269 \div 16 = 16 \quad \cdots\cdots \text{余数 } 13$$
$$33 \div 8 = 4 \quad \cdots\cdots \text{余数 } 1 \qquad 16 \div 16 = 1 \quad \cdots\cdots \text{余数 } 0$$
$$4 \div 8 = 0 \quad \cdots\cdots \text{余数 } 4 \qquad 1 \div 16 = 0 \quad \cdots\cdots \text{余数 } 1$$

逆序排列得：$(269)_{10}$＝$(415)_8$＝$(10D)_{16}$

（3）非十进制数之间的转换。

非十进制数之间的转换，可采用先将被转换数转换成相应的十进制数，然后再将十进制数转换为其他进制数的方法。也可根据 1 位八进制数与 3 位二进制数之间的一一对应关系进行转换，即将八进制数转换成二进制数时，只需要将每 1 位八进制数用 3 位二进制数替代，对应关系见表 1-8。十六进制数与二进制数有"一对四"关系，十进制数、十六进制数与二进制数对应关系见表 1-9。

表 1-8　八进制数与二进制数对应关系

八进制数	二进制数
0	000
1	001
2	010
3	011
4	100
5	101
6	110
7	111

表 1-9　十进制数、十六进制数与二进制数对应关系

十进制数	十六进制数	二进制数
0	0	0000
1	1	0001
2	2	0010
3	3	0011
4	4	0100
5	5	0101
6	6	0110
7	7	0111
8	8	1000
9	9	1001
10	A	1010
11	B	1011
12	C	1100
13	D	1101
14	E	1110
15	F	1110

例如：$(367.12)_8 = (011110111.001010)_2$

$(A9.5)_{16} = (10101001.0101)_2$

说一说

成语"半斤八两"与进位计数制有什么内在联系？

1.2.3　了解信息编码和信息存储

各种信息交由计算机处理前，必须转换成二进制数，将信息转换成二进制数的过程称为信息编码，汉字也必须转换成二进制数计算机才能识别、处理。

信息编码就是用一组特定的符号表示数字、字母或文字。一个 n 位的二进制编码有 2^n 种不同的 0、1 组合，每种组合都可以代表一个编码的元素。尽管给 2^n 个不同的信息元素编码最少需要 n 位二进制数，但对于一组二进制编码来说，它所用的位数没有最大值。

1. 了解数字编码

在数字系统中，一般采用二进制数进行运算。但是由于人们习惯使用十进制，因此，需要采用编码的方法，用若干位二进制码来表示 1 位十进制数，这种代码称为二进制编码的十进制数，简称二进码十进数，或 BCD 码。

十进制数有 0~9 共 10 个计数符号，为了表示这 10 个符号中的某一个，至少需要 4 位二进制码。4 位二进制码有 $2^4=16$ 种不同组合，人们可以在 16 种不同的组合代码中任选 10 种表示十进制数的 10 个不同计数符号。根据这种要求，可选择的方法有很多，选择方法不同，得到不同的编码形式，常见的有 8421 码、5421 码、2421 码和余 3 码等，其对应关系见表 1-10。

表 1-10 常用 BCD 码

十进制数	8421 码	5421 码	2421 码	余 3 码
0	0000	0000	0000	0011
1	0001	0001	0001	0100
2	0010	0010	0010	0101
3	0011	0011	0011	0110
4	0100	0100	0100	0111
5	0101	1000	1011	1000
6	0110	1001	1100	1001
7	0111	1010	1101	1010
8	1000	1011	1110	1011
9	1001	1100	1111	1100

2. 了解字符编码

为了让计算机能够处理人类熟悉的信息符号，必须把字符数据和数值数据用一种代码表示，目前在计算机中采用的编码是美国标准信息交换码，即 ASCII 码。

通用的 ASCII 码是一种用 7 位二进制数表示的编码，字符集共包含 128 个字符，其排列次序为 $d_6d_5d_4d_3d_2d_1d_0$，d_6 为最高位，d_0 为最低位。

其中，编码值 0~31（0000000~0011111）不对应任何印刷字符，通常称为控制符，用于计算机通信中的通信控制或对计算机设备的功能控制；编码值 32（0100000）对应的是空格字符 SP；编码值 127（1111111）对应的是删除控制字符……其余 94 个字符也称为可印刷字符。

字符 0~9 这 10 个数字字符的高 3 位编码 $d_6d_5d_4$ 为 011，低 4 位为 0000~1001。当去掉高 3 位的值时，低 4 位正好是二进制形式的 0~9。这既满足正常的排序关系，又有利于完成 ASCII 码与二进制数之间的转换。

英文字母的编码值满足正常的字母排序关系，且大、小写英文字母编码的对应关系相当简便，差别仅表现在 d_5 位的值为 0 或 1，这有利于大、小写字母之间的编码转换。

3．了解汉字编码

用计算机处理汉字时，必须先将汉字代码化。由于汉字种类繁多，编码比较困难，而且在一个汉字处理系统中，输入、内部处理、输出对汉字代码的要求不尽相同，所以用的代码也不尽相同。将汉字转换成计算机能够接收的 0、1 组合的编码，称为汉字输入码。输入码进入计算机后必须转换成汉字机内码，如果送往其他汉字系统需要把机内码变换成标准汉字交换码，若想显示、打印汉字，则需要将机内码转换成汉字字形码，如图 1-13 所示。

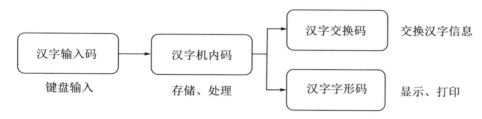

图 1-13　计算机处理汉字

（1）汉字输入码。

汉字可以通过键盘、手写、语音、扫描等多种方法输入计算机，其中键盘输入法是主流输入方式。汉字输入码是键盘输入使用的代码，编码方式多样，可归为四类：数字码、音码、形码、音形码。计算机安装的输入法软件可根据使用者选择的输入法编码规则，将键盘输入的字符组合转换成汉字机内码。

（2）汉字机内码。

汉字机内码是计算机内部存储和处理汉字信息使用的编码，简称汉字内码。中国计算机系统的汉字内码以国标码为基础，并设置每个字节的最高位为 1，即用最高位都是 1 的两个字节表示一个汉字。

（3）汉字交换码。

汉字交换码是用于不同汉字系统间交换汉字信息的汉字编码。中国国家标准管理部门颁布的汉字编码字符集标准——GB 2312—1980《信息交换用汉字编码字符集　基本集》（简称国标码）是通用的汉字交换码，其中收录了 6763 个汉字，能够满足使用计算机处理汉字的需求。国标码规定每个汉字用两个连续的字节表示，每个字节只使用最低 7 位，两个字节的最高位均为 0。随着汉字信息应用处理范围不断扩大，国家对基本汉字集进行了扩充，收录的汉字已达数万之多。

（4）汉字字形码。

汉字字形码记录汉字的外形，主要用于汉字的显示和打印。汉字字形有两种记录方式：点阵法和矢量法。点阵法对应的字形编码称为点阵码；矢量法对应的字形编码称为矢量码。

点阵码采用点阵表示汉字字形，即把汉字字形排列成点阵，再进行编码。常用的汉字点阵规模有 16×16、24×24、32×32 或更高。"景"字的 24×24 点阵和编码、需要占用 72 字节，如图 1-14 所示。

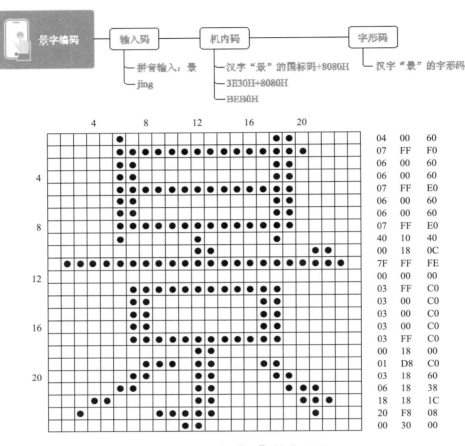

图 1-14 汉字"景"的字形码

 说一说

计算机汉字编码所蕴含的中国智慧。

4. 理解信息存储的概念

存储器是信息系统中的记忆设备，用于存放程序和数据。由于超大规模集成电路技术飞速发展，CPU 的速度越来越快，而存储器取数和存数的速度与它很难适配，进而制约 CPU 的运行速度，因此，信息系统中设置有不同类型的存储器，以适应不同的存储要求。

（1）存储系统。

存储器有 3 个主要性能指标：速度、容量和每位价格（位价）。通常是速度越高，位价就越高；容量越大，位价就越低；而容量越大，速度越低。为了解决这一矛盾，存储系统采用层次结构，形成缓存-主存和主存-辅存两个存储层次、三级存储系统。前者解决 CPU 和主存速度不匹配问题，后者解决层次系统的容量问题。

主存储器（简称主存或内存）可以和 CPU 直接交换信息。辅助存储器（简称辅存）是主存的后援存储器，用来存放当前暂时不用的程序和数据，它不能与 CPU 直接交换信息。缓冲存储器（简称缓存）用在两个速度不同的部件之间，起缓冲作用。

（2）内存容量。

内存容量指内存储器能存储信息的总字节数。内存容量越大，计算机处理信息的速度就越快。计算机中存储信息的最小单位是二进制的一个数位，用英文 bit 表示。8 位二进制数为一字节（Byte），用 B 表示，一个字节对应计算机中的一个存储单元，一个英文字符或十进制数字占用一个字节的长度，汉字字符占用 2 字节长度。字节是衡量计算机存储容量的一个重要参数，但是字节的单位太小，需要引入千字节（KB）、兆字节（MB）、吉字节（GB）等，它们之间的换算关系如下。

1KB=1024B

1MB=1024KB

1GB=1024MB

1TB=1024GB

……

任务 3　选用和连接信息技术设备

信息技术设备是指利用信息技术对信息进行处理过程中所用到设备的总称，即在现代信息系统中获取、加工、存储、变换、显示、传输信息的物理装置和机械设备。由于信息技术设备种类繁多，所以合理选用信息技术设备，并正确连接形成完整的信息处理系统，也就成为对信息处理者的基本要求。选用和连接信息技术设备思维导图如图 1-15 所示。

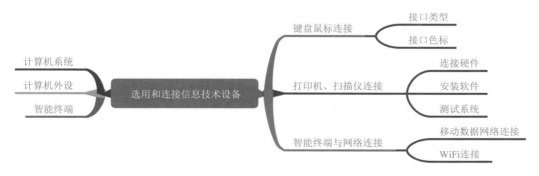

图 1-15　选用和连接信息技术设备思维导图

◆　**任务情景**

在对信息系统有了一定认识后，小华跃跃欲试，也想深入学习信息技术，学会自己动手处理各种信息。

老师告诉小华，在开始处理信息前，需要解决两个问题：第一是如何在种类繁多的设备中，正确选择满足信息处理需要的设备；第二是如何将单个设备连接计算机，形成完整的信息处理系统。

◆　**任务分析**

从老师那里小华已经明白下一步的学习任务，了解信息技术设备，学会连接信息技术设备。

了解信息技术设备的种类和作用，是正确、高效处理信息的基础，而将所选设备正确连接形成系统则是开始信息处理工作的前提，前者要求对信息设备充分了解，后者需要具备动手连接的基本技能。

1.3.1　了解信息技术设备

获取、加工不同种类的信息，需要使用不同的信息处理设备，小华要想恰当选择适用的信息技术设备，必须对信息技术设备十分熟悉。

信息技术设备种类繁多、作用各异，根据其在信息处理系统中的作用，可分为信息获取、输入、存储、处理、传输、输出等若干类，而同类设备又有处理不同信息的若干种，如获取图像的数码相机、获取视频的数码摄像机、获取声音的录音机等。只有全面、详细了解常用的信息技术设备，才能更好地选择适用设备，完成信息处理任务。

1. 认识微型计算机硬件

从微型计算机的外观来看，由主机箱和与之相连的设备组成。主机箱内有 CPU、主板、内存等重要部件，与主机箱相连的有显示器、键盘、鼠标、音箱等，个人计算机集成化、一体化趋势明显，如图 1-16 所示。

图 1-16　微型计算机外观

显示器和音箱属于输出设备，也是将计算机处理结果转换成人类习惯的表现形式的设备。常见的输出设备有显示器、打印机、绘图仪等。

键盘和鼠标属于输入设备，用于向计算机输入程序和数据，是将人类习惯的文字、图形和声音转换成计算机能够识别的二进制数据的设备。常见的输入设备有键盘、鼠标、扫描仪等。

（1）中央处理器（Central Processing Unit，CPU）。

CPU 包括运算器和控制器，是计算机的控制中枢，用于计算数据和逻辑判断。CPU 的速度和性能对计算机的整体性能有较大影响。运算器一次并行处理的二进制位数称为字长。计算机的字长越长，处理信息的效率就越高，计算机的功能也就越强。

（2）主板（Motherboard）。

主板控制计算机所有设备之间的数据传输，并为计算机各类外设提供接口。

（3）硬盘（Hard Disk Drive）。

硬盘用于长期存储操作系统、数据和应用程序，是最重要的存储设备之一。

（4）声卡（Sound Card）。

声卡用于处理计算机中的声音信号，并将处理结果传输到音箱或耳机中播放。

（5）内存（Memory）。

内存用于临时存储运算中的程序或数据，其运算速度和容量大小对计算机的运行速度影响较大。

（6）显卡（Video Card，Graphics Card）。

显卡也称显示适配器，用于和显示器配合输出图形、图像和文字等信息。

（7）网卡（Network Interface Card）。

网卡用于计算机连接网络，或与其他网络通信设备连接。

（8）电源。

电源为计算机各个部件提供电能。

2. 认识微型计算机软件

微型计算机系统也是由计算机硬件系统和计算机软件系统两大部分组成的。计算机软件系统包括系统软件和应用软件，两者是计算机应用环境中不可或缺的重要内容，也是用户必须了解的重要知识。

（1）系统软件。

系统软件是指管理、监控和维护计算机资源的软件。系统软件主要包括操作系统、程序设计语言、数据库管理系统、工具软件等。

常见的操作系统有 Windows、UNIX 和 Linux 等。Windows 系列操作系统由微软公司开发，是具有可视化图形界面的多任务操作系统。UNIX 操作系统是多用户多任务的分时操作系统，它具有结构紧凑、功能强、效率高、使用方便和可移植等优点，是国际上公认的通用操作系统。

Linux 操作系统是一种把 UNIX 操作系统简化，从而使其适应个人计算机需要的开源操作系统。它遵循标准操作系统界面，是一个多用户、多任务，并提供丰富网络功能的操作系统。常见的国产操作系统有麒麟、统信等。

程序设计语言是用户用来编写程序的语言，它是人与计算机之间交换信息的工具，一般分为机器语言、汇编语言、高级语言三类。

工具软件有时又称为服务软件，它是开发和维护计算机系统的工具。常见的有诊断程序、调试程序、编辑程序等。

（2）应用软件。

应用软件是指为专门用户提供的或有专门用途的软件，也是用户利用计算机解决各种实际问题而编制的计算机程序。常见的应用软件有信息管理软件、办公自动化系统、各种文字处理软件等，如日常办公用的 WPS、学生管理系统等。

3．认识常用的存储设备

（1）硬盘。

硬盘是硬盘驱动器的简称，它的主要特点是速度快、容量大，微型计算机的硬盘被固定在主机箱内。

硬盘与计算机连接的接口类型主要有 IDE、SCSI、光纤通道、SATA 等。SCSI 硬盘使用数据线与 SCSI 卡连接，SCSI 卡插入计算机主板的总线插槽。如果 SCSI 硬盘的传输速率大于 8Mb/s，则必须使用基于 PCI 总线的 SCSI 卡。SCSI 硬盘有较好的并行处理能力，但价格较昂贵，安装过程复杂，适用范围因此受到限制。

SATA 取代 IDE 接口的旧式硬盘，采用串行方式传输数据。SATA 速度快并支持热插拔，使连接更加方便。SATA 总线使用嵌入式时钟频率信号，具备了更强的纠错能力，能对传输指令（不仅是数据）进行检查，如果发现错误会自动矫正，提高了数据传输的可靠性。SATA 使用较细的排线，有利于机箱内部的空气流通，增加了整个平台的稳定性。SATA 分别有 SATA 1.5Gbit/s、SATA 3Gbit/s 和 SATA 6Gbit/s 三种规格。

硬盘的主要作用就是存储信息，因而访问速度和存储空间是衡量硬盘的主要指标。

（2）U 盘、移动硬盘。

U 盘是一种基于 USB 接口的微型大容量活动盘，它不需要额外的物理驱动器，无外接电源，性能稳定，支持热插拔。U 盘最重要的性能指标是稳定性，而影响 U 盘稳定性的关键因素是控制芯片。市场上的 U 盘分别采用半成品芯片和封装成品控制芯片制造，前者的价格只有后者的 1/3，使用寿命一般不会太长。在 Windows 系统下使用 U 盘的方法很简单，只需将 U 盘与计算机的 USB 接口连接，待 U 盘指示灯亮，即可像使用硬盘一样使用 U 盘。

相对于 U 盘而言，移动硬盘最大的优点就是容量大，可以轻松存储大文件。移动硬盘与计算机连接的常用接口类型有 USB 接口和雷电接口等。由于 USB 标准向下兼容，建议选择

USB 2.0 以上接口的移动硬盘。

（3）光盘驱动器。

光盘驱动器是读写光盘信息的设备，它和光盘共同构成计算机的外部存储器。目前市场上有 CD 光驱、DVD 光驱和刻录光驱等，盘片有 CD、DVD、CD-R、CD-RW 等多种形式。使用光盘存储、交换数据，还有保障信息安全的特殊作用。

光驱利用激光照射读写信息。写入信息时，计算机的数字信号被调制到激光束中，激光照射盘片的染料层形成信息记录；读取信息时，激光束照射盘片，光盘的反射层根据盘片记录的信号反射光束，光检测器获取的光信号经处理转换成信息数据。

光驱的前面板有放音按钮、暂停按钮、音量控制旋钮，利用放音按钮可以直接播放 CD 光盘。光驱的背面有音频接口、跳线接口、数据线接口和电源线接口。音频接口用于音频输出，需要使用音频线连接到声卡的音频输入接口。光驱的数据接口使用数据线连接主板的 IDE 接口，电源接口连接计算机电源。

4. 认识常用的计算机外围设备

（1）打印机。

打印机是重要的输出设备，种类很多，常用的办公打印机有激光打印机、针式打印机、喷墨打印机、多功能一体机等。常用的办公打印机的外观如图 1-17 所示，其中，多功能一体机除了打印功能，还可集成复印、扫描、传真等功能。

激光打印机　　　　　针式打印机　　　　　喷墨打印机　　　　多功能一体机

图 1-17　常用的办公打印机的外观

（2）扫描仪。

扫描仪是计算机的输入设备，可以完成图片、照片等资料的输入任务。扫描仪可分为滚筒式扫描仪、平板式扫描仪和手持式扫描仪，其中平板式扫描仪是目前市场上的主流机型。扫描仪主要由光学成像部分、机械传动部分和光电转换部分组成，平板式扫描仪的外观如图 1-18（a）所示。现在的办公环境中也有集打印、复印、扫描三种功能于一身的一体机。

（a）扫描仪　　　　（b）刻录机　　　　（c）数码相机　　　　（d）摄录一体机

图 1-18　常用的几种输入外设

（3）刻录机。

光盘刻录是指将源数据通过机器复制到目标光盘中的过程，而刻录光盘的设备称为刻录机。未记录信息的光盘盘片称为空白刻录盘（俗称白片）。刻录机的工作原理是：首先将要刻录的数据读入自带的缓冲存储器中，然后再把数据从缓存写入光盘盘片。光盘刻录机的种类很多，按功能可分为 CD-R 刻录机和 CD-RW 刻录机；按连接方式可分为内置式刻录机和外置式刻录机；按接口方式可分为 SCSI 接口、SATA 接口和 USB 接口刻录机。刻录机外观如图 1-18（b）所示。

（4）数码相机（摄像机）。

数码相机（摄像机）又称数字相机（摄像机），是在传统相机（摄像机）的基础上发展而来的，是数字技术与传统相机（摄像机）相结合的产物。数码相机（摄像机）不再用胶卷（录像带）作为成像介质，它可以将摄录的景物以数字形式记录在存储介质中。数码相机（摄像机）的外观如图 1-18（c）和图 1-18（d）所示。

5．了解移动智能终端

移动智能终端是指安装有操作系统，具有接入互联网的能力，可以在不同场合使用的信息处理设备。常见的移动智能终端有智能手机、笔记本电脑、平板电脑、车载智能终端、可穿戴设备等，智能手机、笔记本电脑和平板电脑的外观如图 1-19 所示。

图 1-19　智能手机、笔记本电脑和平板电脑

（1）智能手机。

智能手机是指具有专用操作系统，装有多种应用服务程序，通过移动通信网络实现无线网络接入的手机。智能手机有别于功能性手机，语音通话功能只是诸多功能中的一种。目前智能手机多安装 Android、iOS 操作系统，我国的智能手机正全面进入 5G 时代，国产的鸿蒙操作系统也将成为国产手机的主流操作系统。

（2）笔记本电脑。

笔记本电脑也称"便携式电脑"，其最大的特点就是机身小巧、携带方便，且功能强大。在全球市场上有多种笔记本电脑品牌，排名前列的有联想、华硕、戴尔、ThinkPad、惠普、苹果等。

（3）平板电脑。

平板电脑是一种小型、方便携带的个人电脑，以触摸屏作为基本的输入设备，允许用户通过触控笔或数字笔进行操作。用户可以通过内建的手写识别、屏幕上的软键盘、语音识别或者一个真正的键盘进行操作。平板电脑是一款无须翻盖，没有键盘，小到可放入手袋，但功能完整的个人电脑。

（4）车载智能终端。

车载智能终端具备北斗/GPS 定位、车辆导航、采集和诊断故障信息等功能，在新一代汽车产品中得到大量应用。该类设备对车辆自动化管理、智能交通规划将发挥越来越多的作用。

（5）可穿戴设备。

越来越多的科技公司开始大力开发智能眼镜、智能手表、智能手环、智能戒指等可穿戴产品，如图 1-20 所示。智能终端开始与时尚挂钩，人们的需求不再局限于可携带，更追求可穿戴，手表、戒指、眼镜都有可能成为智能终端。

图 1-20 可穿戴设备

 说一说

利用网络查阅国内厂商开发芯片和操作系统的发展概况。

1.3.2 连接信息技术设备

经过上网查资料、到科技市场实地查看，小华对常用信息技术设备的作用有了全面的认识，知道了处理文字、声音、图像需要选用什么设备，但如何连接形成系统是尚未解决的问题。

将作用不同的信息技术设备正确连接，形成完整的信息处理系统，是信息处理的基础性工作，通常涉及输入设备、输出设备与主机连接，主机与网络连接等。

1．连接键盘、鼠标

键盘是用户向计算机发出指令和输入数据的设备，鼠标同样是信息输入的重要工具。键盘和鼠标多用有线连接和无线连接，有线连接中常用的方法是 USB 接口连接。若使用 USB 接口连接，只需将键盘或鼠标与主机的 USB 接口连接即可。若使用无线连接，一般有 2.4g 无线连接和蓝牙无线连接两种方式。使用 2.4g 无线连接时，可将键盘或鼠标的接收器插入计算机相应的接口后，可直接使用。当使用蓝牙连接时，需要打开计算机的蓝牙功能，将计算机与键盘或鼠标进行正常配对就可以使用。无线鼠标和接收器如图 1-21 所示。

图 1-21 无线鼠标和接收器

图 1-22　显示器接口

2．连接显示器

　　显示器通过显卡与计算机实现连接，根据显卡对总线的要求将显卡插入计算机主板相应的总线插槽，然后再将显示器连接线与显卡的输出口连接。显卡又称为显示适配卡，它通过总线把主机的显示信号传送给显示器。显卡在一定程度上决定了显示器的显示质量。连接显示器的接口还有 HDMI、DVI、DP、USB 和 USB-Hub 等，如图 1-22 所示。

3．连接打印机

　　打印机是办公环境中最常用的设备之一，它能将计算机编辑的信息以单色或彩色的字符、汉字、表格、图像等形式印刷在纸上，满足使用纸张保存或传送信息的办公要求。打印机是计算机的重要外设，因此，使之成为计算机能够正确识别的设备，是使用打印机的前提。连接打印机的方式有无线连接、有线连接。有线连接 HP LaserJet 1020 打印机的操作过程如下。

　　① 确保计算机、打印机电源处于断电状态。

　　② 使用并行接口连接线时，将连接线的一端插入打印机的并行接口，另一端插入计算机的并行打印输出接口，锁定固定卡扣。使用 USB 接口连接线时，将连接线的方形接头插入打印机的 USB 接口，另一端插入计算机的 USB 接口，如图 1-23 所示。

　　③ 将打印机配备的电源线或电源适配器的插头与打印机电源的输入端连接，另一端插头插入电源插座。

　　④ 启动计算机和打印机。

　　⑤ 将包含打印机驱动程序的光盘装入光驱（或网络下载打印机驱动程序，执行 autorun.exe 程序），出现打印系统安装向导对话框，如图 1-24 所示。如果未出现安装程序对话框，双击光盘中的"SETUP.EXE"文件。

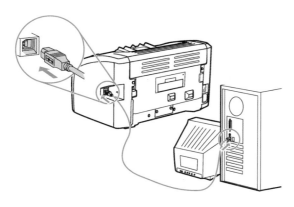

图 1-23　USB 连接线连接

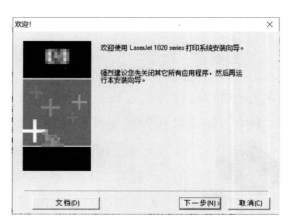

图 1-24　打印系统安装向导对话框

⑥ 根据对话框中的提示逐步操作，直至安装完成。

⑦ 当系统提示是否打印测试页时，若选择打印，可以测试打印机工作是否正常。

4. 连接扫描仪

扫描仪是继键盘和鼠标之后的第三大计算机输入设备，它是一种捕获影像的设备，能够将捕获的影像转换成计算机可以显示、存储和输出的数字格式，因此也是功能强大的输入设备。连接扫描仪的操作过程如下。

① 扫描仪全套设备组件如图 1-25 所示。

② 使用 USB 接口连接线时，将连接线的方形接头插入扫描仪的 USB 接口，另一端插入计算机的 USB 接口。

③ 将扫描仪的电源适配器的插头与扫描仪电源的输入端连接，另一端插头插入电源插座。检查电源适配器上的绿色 LED 指示灯是否亮起，如图 1-26 所示。

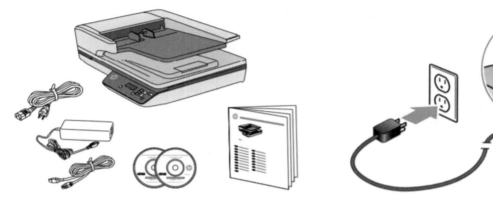

图 1-25　扫描仪全套设备组件　　　　　　　图 1-26　连接电源

④ 按扫描仪电源按钮，启动扫描仪。

⑤ 在 Windows 环境启动安装软件向导（连接扫描仪时），根据对话框中的提示逐步进行操作，直至安装完成。

5. 连接投影仪

① 关闭所有需要连接的设备的电源。

② 将 VGA 连接线的一端连接到投影仪的"Computer"端口，另一端连接到计算机的显示器端口，拧紧连接端口螺丝，如图 1-27 所示。

③ 将音频线一端连接到计算机的扬声器或音频输出端口，另一端连接到与所使用 Computer 端口对应的 Audio 端口，如图 1-28 所示。

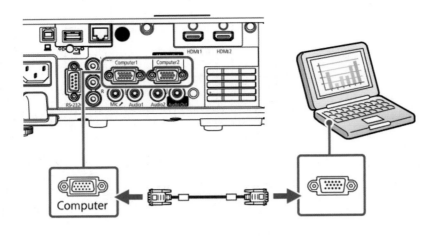

图 1-27　连接投影机和计算机

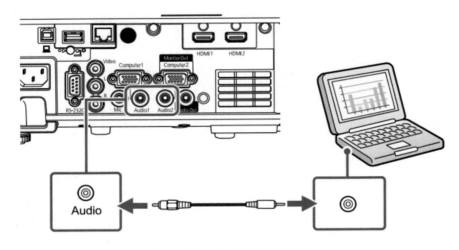

图 1-28　连接视频信号线

提示：

若投影仪与计算机使用 HDMI 电缆连接，则需将 HDMI 电缆一端连接到计算机的 HDMI 输出端口，另一端连接到投影仪的 HDMI 输入端口，如图 1-29 所示。

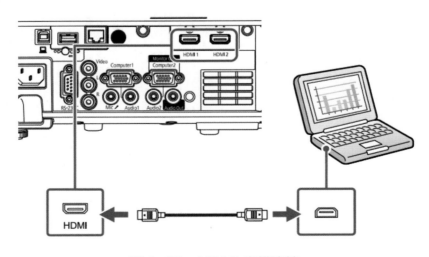

图 1-29　HDMI 电缆连接

④ 连接投影仪电源，如图 1-30 所示。

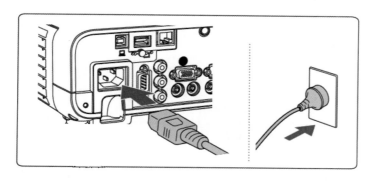

图 1-30　连接投影仪电源

6．智能终端连接网络

智能终端是目前应用最普遍的一种设备，手机几乎人手一个甚至更多，而这些设备需要连入互联网才能更好地发挥作用。智能终端连接网络有通过移动数据网络和通过 WiFi 两种连接方式。

（1）移动数据网络。

通过移动数据网络连接互联网要向通信公司（移动、联通、电信等）购买互联网流量套餐，现在应用较多的是 4G 网络，已有越来越多的人使用网速更高的 5G 网络。

将智能终端联入网络的基本操作：设置→无线和网络→移动网络→移动数据。

（2）WiFi。

WiFi 是一种允许电子设备连接到无线局域网（WLAN）的技术，连接无线局域网可以设置密码保护，也可以开放允许任何在 WLAN 范围内的设备连接。

连接 WiFi 的基本操作：设置→无线和网络→WLAN，从 WLAN 列表中选择想要连接的网络，输入密码（受保护网络），单击"连接"按钮即可联网，如图 1-31 所示。

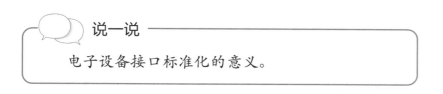

说一说

电子设备接口标准化的意义。

图 1-31　连接 WiFi

任务 4　使用操作系统

操作系统是管理计算机、手机等智能型设备软件和硬件资源、控制程序执行、改善人机界面、合理组织工作流程的一种系统软件，也是使用电子智能设备过程中接触最早、使用最多的一种软件。因此，用户应该熟练掌握操作系统的使用方法，为提高设备使用效率奠定基础。使用操作系统思维导图如图 1-32 所示。

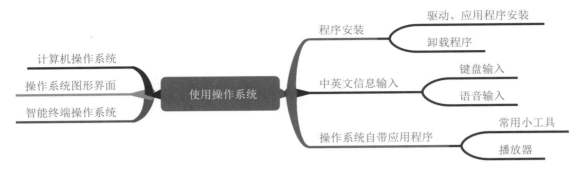

图 1-32　使用操作系统思维导图

◆　**任务情景**

小华已经能够根据所处理信息的类型，选择合适设备并将其连接计算机，形成一个完整的信息处理系统。

现在可以尝试处理信息了吧？小华问。老师说，不行。你还要了解人机交互使用的操作系统，学会操作系统的常用操作，才能学习信息处理操作。

小华清楚记得，计算机系统包括硬件系统和软件系统，软件系统中的操作系统是管理、控制软硬件资源的重要软件。

◆　**任务分析**

根据老师的要求，小华总结、梳理了下一步的学习任务。认为首先要完成的任务是了解操作系统、学习图像用户界面操作，然后再学习安装卸载应用程序、输入信息和使用操作系统自带程序的方法。

操作系统支持其他的所有软件，并向这些软件提供服务，无论是大型计算机、微型计算机，还是手机等智能终端，都必须安装操作系统。操作系统既是硬件与其他软件的接口，也是设备与用户的接口。熟练使用操作系统，是对智能设备应用者的基本要求。只有熟悉图形界面操作，掌握系统自带功能性程序的用法，才能更好地发挥操作系统的作用。

1.4.1　了解操作系统

不同设备的操作系统有较大差异，小华只有全面了解应用中的操作系统，才能应对多种智能设备的使用问题。

操作系统是智能设备硬件上的第一层软件，是对硬件系统功能的第一次扩充，在软件系统中占有举足轻重的地位。智能设备所实现的各种功能，则依赖于工作在操作系统之上的各种应用软件。

1．了解计算机操作系统功能

操作系统（Operating System，OS）是计算机等智能设备系统中负责应用程序运行、提供用户操作环境的系统软件，同时也是智能系统的核心与基石。它的职责包括对硬件的直接监管、对各种设备资源的管理，以及提供面向应用程序的服务等。对用户来说，操作系统提供了使用设备的方法；对设备来说，操作系统是实现设备各种功能的控制集合。

2．了解操作系统的形成与发展

操作系统的形成和发展与计算机密不可分，计算机更新换代使运行在其上的系统软件——操作系统也从无到有，从简单到复杂。

在第一代计算机上运行的程序，全部使用机器语言编写而成，没有专门的程序设计语言，更没有操作系统存在，当时的计算机只能解决数值计算问题。

在第二代计算机出现以后，出现了汇编语言。当时的计算机非常昂贵，为了提高计算机的利用率，人们设计了单道批处理系统，此系统安装在一台相对廉价的计算机上，取代人工往数值运算速度较快的计算机中输入或输出数据，从而提高计算机的使用效率。

第三代计算机出现之后，CPU 的运行速度更快了，用户的要求也更高了，突出问题则是输入/输出设备的速度太慢。为了解决此问题，人们设计了多道批处理系统，此系统把多个程序同时放入计算机的内存中，使它们共享系统资源。当其中一个程序因为 I/O 原因而暂停执行，CPU 空闲时，系统可调度内存中的另一个程序，从而提高 CPU 的利用率。

为了提高用户对响应时间的要求，后来又出现了分时系统，实际上它是多道批处理系统的一个变种。在一台计算机上，同时连接多个终端机，每个用户使用一个终端，CPU 轮流为多个用户服务。由于计算机的指令通常比较简短，而且计算机的运行速度比人的速度快得多，所以足够给每个用户提供交互的服务。对于用户来说，根本感觉不到有其他用户也在使用计算机。

在第三代计算机上，出现了著名的操作系统——UNIX。多道批处理系统和分时系统的出现标志着操作系统的形成。

随着大规模和超大规模集成电路的发展，计算机进入了第四代。在此阶段，个人计算机用户的数量飞速增长。从 20 世纪 80 年代初到 90 年代中期，微软的 DOS（Disk Operating System）操作系统占据了个人计算机操作系统的主要市场。虽然微软在 1985 年就推出了 Windows 1.0 操作系统，但 Windows 系列操作系统的广泛应用，却是在 1995 年 Windows 95 发布之后。随后，微软又推出了 Windows 98、Windows XP（2001 年）、Windows Vista（2007 年）、Windows 7（2009 年）、Windows 10（2015 年）、Windows 11（2021 年）等个人计算机操作系统。

20 世纪 90 年代，为了满足用户通信和资源共享的需求，网络操作系统开始崛起，如微软 1992 年 10 月发布的 Windows for Workgroups 3.1，以及随后出现的 Windows NT 3.11、Windows NT 4.0、Windows NT 5.0（Windows 2000）、Windows Server 2012、Windows Server 2019、Windows Server 2022 等。

在信息产业发展中，CPU 和操作系统居于国产化生态体系的核心地位。国产操作系统作为信息系统安全基础，在金融行业正在从边缘应用向核心应用迁移。国产操作系统在银行业的应用从非核心业务系统开始，在安全稳定性得到确认后不断深入。目前，网银的前置系统、资金清算系统、手机银行等准核心业务系统已经采用国产操作系统。国有大型商业银行、股份制银行、大型商行、城商行、银保监会、保险公司均在外设适配、应用迁移、压力测试等环节验证了国产系统的安全性和可靠性。麒麟操作系统作为我国自主研发操作系统的代表，"天问一号"成功着陆火星使用的就是该系统。如今，麒麟操作系统已经在中国空间站、北斗等领域得到广泛应用，为国家重大项目贡献了"中国大脑"。麒麟安全操作系统提供基于"三权分立"机制的多项安全功能（身份鉴别、访问控制、数据保护、安全标记、可信路径、安全审计等）和统一的安全控制中心；全面支持国内外可信计算规范（TCM/TPCM、TPM2.0）；产品支持国家密码管理部门发布的 SM2、SM3、SM4 等国密算法；兼容主流的软硬件和自主 CPU 平台；提供可持续性的安全保障，防止软硬件被篡改和信息被窃取，系统免受攻击；为业务应用平台提供全方位的安全保护，保障关键应用安全、可信和稳定的对外提供服务。

Linux 是免费使用和自由传播的类 UNIX 操作系统，是基于多用户、多任务、支持多线程和多 CPU 使用的操作系统。Linux 也是一个性能稳定的多用户网络操作系统。Linux 存在着许多不同的版本，常见的 Ubuntu、RedHat、CentOS 都属于 Linux 系统，这些系统都使用了 Linux 内核。Linux 可安装在多种计算机硬件设备中，如手机、台式计算机、笔记本电脑、平板电脑、服务器、超级计算机等。

自 20 世纪 90 年代开始，个人计算机操作系统就已被局限在 Windows、类 UNIX 以及基于 Linux 内核的操作系统上。

大型机与嵌入式系统使用的操作系统种类较多，在服务器方面 Linux、UNIX 和 Windows Server 占据了市场的大部分份额。在超级计算机方面，Linux 取代 UNIX 成为第一大操作系统。

目前，Linux 由于其出色的稳定性和安全性常用于服务器端，而 Windows 多用于个人计算机。

3. 认识智能终端操作系统

常见的智能终端操作系统主要有以下几种。

（1）鸿蒙操作系统（HarmonyOS）。

鸿蒙操作系统是华为开发的操作系统，该系统面向下一代技术而设计，能兼容所有基于

Android 操作系统的 Web 应用。2020 年 9 月 10 日，华为鸿蒙操作系统升级至 2.0 版本，在关键的分布式软总线、分布式数据管理、分布式安全等分布能力上进行了全面升级，为开发者提供了完整的分布式设备与应用开发生态。2021 年 6 月 2 日，华为 HarmonyOS 2.0 操作系统正式发布，HarmonyOS 2.0 可以让用户自由组合硬件，将多终端融为一体，让用户像使用一台设备一样简单。2022 年 6 月，HarmonyOS 3.0 开发者 Beta 版开始公测。

（2）Android 操作系统。

Android 操作系统是一种基于 Linux 开放源代码的操作系统，主要用于移动设备，如智能手机和平板电脑，由 Google 公司和开放手机联盟领导开发。Android 问世后，迅速占领了智能手机操作系统市场。Android 操作系统采用分层架构，从高层到低层分别是应用程序层、应用程序框架层、系统运行库层和 Linux 内核层。

（3）iOS 操作系统。

iOS 操作系统是苹果公司开发的一种移动操作系统，用于 iPhone、iPad 及 Apple TV 等产品。iOS 具有简单易用的界面、强大的管理功能，以及超强的稳定性，成为支撑相关产品设备的重要基础。

4．了解计算机等设备的启动过程

计算机启动的过程可以分解成以下几个阶段。

① 计算机加电。

② 基本内存检测。

③ 主要硬件设备检测。

④ 内存检测。

⑤ 标准设备硬件检测。

⑥ 即插即用设备检测。

⑦ 启动操作系统。

说一说

计算机操作系统对国家信息安全的重要性。

1.4.2　学习图形用户界面操作方法

小华已经知道了不同设备配置有不同的操作系统，现在他需要做的是选择一种主流操作系统学习具体的操作方法。

主流操作系统常用的用户界面有命令行方式和图形界面操作，UNIX 操作系统使用命令行方式操作，Windows 使用图形界面操作。用户在图形界面中，可以使用鼠标代替键盘的各种操作，既直观又方便。图形界面主要包括用户启动计算机系统后看到的整个屏幕界面，即通常所说的"桌面"，以及用户打开某个程序或文件夹后出现的窗口，它们是用户和计算机进行交流的环境。桌面放置用户经常用到的应用程序和文件夹图标，双击图标就能够快速启动相应的程序或文件。了解程序窗口与桌面元素，熟练掌握其使用方法，可以较快地完成各种操作。以下涉及的操作，主要以 Windows 10 为环境，适当介绍 Windows 7。

1. 认识 Windows 10 操作系统桌面元素

Windows 10 和 Windows 7 桌面都是由快捷图标、任务栏和桌面背景组成的，如图 1-33 和图 1-34 所示。

图 1-33　Windows 10 桌面　　　　　　图 1-34　Windows 7 桌面

（1）快捷图标。

快捷图标是指向某应用程序的一种链接，双击图标就能打开相应的窗口或应用程序。桌面上的"此电脑（计算机）""网络""回收站"等都是快捷图标。

（2）任务栏。

位于桌面下部的长条区域是任务栏，左侧为"开始"按钮；中间部分显示已弹出的程序和文件，通过单击操作可以实现在它们之间快速切换；右侧为"通知区域"，包括时钟以及一些特定程序和计算机设置状态的图标；最右侧为"显示桌面"按钮。

（3）桌面背景。

桌面背景为弹出的窗口提供背景的图片、颜色或设计。桌面背景可以是单张图片或幻灯片。用户可以从 Windows 操作系统桌面背景图片库中选择，也可使用自己获取的图片。右键单击桌面空白处，在弹出的快捷菜单中可以设置桌面背景。

2. 了解 Windows 10 的程序窗口

Windows 10 的程序窗口由标题栏、菜单栏、地址栏、搜索栏等部分组成，如图 1-35 所示。Windows 7 与之大同小异。

（1）标题栏。

位于窗口的最上部，显示程序名称、当前选中文件所在的文件夹路径或用户提示信息。鼠标指向标题栏拖动，可以移动窗口。标题栏左侧有自定义快捷按钮，最右侧有窗口最小化、最大化/还原、关闭按钮。

（2）菜单栏。

标题栏的下面是菜单栏，其中包括多个菜单项，每个菜单项中提供了操作过程中要用到的各种命令。

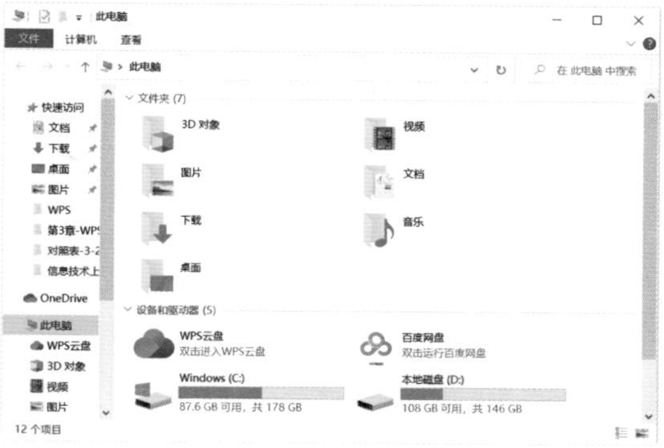

（3）地址栏。

图 1-35　Windows 10 的程序窗口

菜单栏的下面是地址栏，用于显示当前操作所在的位置。单击地址栏中的位置可直接导航至该位置。

（4）搜索栏。

地址栏的右侧是搜索栏，主要用于快速搜索计算机中的内容。

（5）导航窗格。

导航窗格位于地址栏下方的左侧，可以使用导航窗格查找文件和文件夹，还可以在导航窗格中将文件、文件夹以及库等直接移动或复制到目标位置。

（6）工作区域。

工作区域在窗口中所占的比例最大，用于显示文件夹中的全部内容和可使用的"设备和驱动器"。

3．了解鼠标的基本操作

（1）"移动"操作。鼠标在桌面上移动，屏幕上的鼠标指针也跟着移动。鼠标的移动操作就是控制鼠标指针移动，使鼠标指针指向特定目标的操作。

（2）"单击"操作。单击一般指左击，即用右手食指快速按下鼠标左键，然后再迅速松开。

（3）"双击"操作。用右手食指快速连续按鼠标左键两次。

（4）"拖动"操作。按住鼠标左键不放，移动鼠标指针到另一个位置上，再放开鼠标左键。拖动通常用于移动某个选中的对象，拖动时，鼠标指针指向允许拖动操作的特定位置，如拖动"计算机"程序窗口，鼠标指针应指向地址栏上方空白处。

（5）"右击"操作。用右手中指快速按下鼠标右键，然后再迅速放开。右击通常会打开快捷菜单。

（6）"滚动"操作。滚动是对鼠标滚轮的操作，使用鼠标中间滚轮，可以在窗口中移动操作对象的上下位置，相当于移动窗口右侧的垂直滚动条。

说一说

结合图形用户界面操作，谈一谈对"把小事当大事干"的理解。

1.4.3　学习安装、卸载应用程序和驱动程序操作方法

应用程序是完成具体任务的程序，安装什么样的应用程序，计算机能做什么样的工作；驱动程序是驱动硬件工作的程序，有了相应的驱动程序，硬件才能融入系统正常工作。小华要想让计算机更好地为自己服务，必须学会安装、卸载程序。

计算机在应用过程中，会经常遇到新的应用程序或驱动程序需要安装，不需要的程序需要卸载等问题，因此，安装、卸载计算机程序也是最常见的基本操作。

◆　操作步骤

图 1-36　腾讯软件管家操作界面

1．安装应用程序

在智能设备上安装应用程序，可以利用应用集成管理软件下载、安装，华为应用市场、腾讯软件管家等都是常用的应用程序安装利器。

① 打开应用集成管理软件，如腾讯软件管家，如图 1-36 所示。

② 根据分类，查找需要安装的应用程序。

③ 单击"安装"按钮，联网设备会自动下载并安装选中的程序。

④ 系统完成安装后，桌面会添加快捷图标。

2．卸载程序

卸载程序是删除已安装的程序，但卸载与删除又有所不同，对于不需要的程序建议使用卸载功能清除程序，这样能保证可靠清除系统中与之关联的记录。

① 单击"开始"→"设置"→"应用"选项，显示已安装的所有程序。

② 选中想要卸载的程序，单击窗口中的"卸载"按钮，弹出卸载提示信息对话框。

③ 单击"卸载"按钮，系统立即卸载选中程序。

 说一说

安装、卸载程序需要注意哪些问题？

1.4.4　学习信息输入方法

将要处理的信息送入计算机，是计算机处理信息的第一步，也是小华需要学习的重要操作。使用键盘向计算机输入的常用信息有数字、英文、汉字、符号等。当然，使用语音、扫描等方

式，也可以快速输入相应内容。

往计算机中输入中英文信息，需要掌握输入法。输入法有很多，搜狗拼音输入法是众多输入法中的一种，当然用户也可以使用语音或扫描的方法输入信息。

◆　**操作步骤**

1. 使用搜狗拼音输入法输入中英文和符号

要熟练掌握一种拼音输入法输入汉字，必须了解汉语拼音规则，更要在计算机中安装相应的拼音输入法，因此，安装输入法是基础。

① 下载、安装搜狗拼音输入法。打开 IE 浏览器，在"地址栏"输入搜狗拼音输入法官方网址，回车后进入搜狗拼音输入法的官方下载页面，如图 1-37 所示。

② 单击"立即下载"按钮，下载搜狗拼音输入法 10.1 正式版并保存至本地硬盘。

③ 双击下载文件，按照提示安装搜狗拼音输入法 10.1 正式版。

④ 单击"此电脑"→"D 盘"图标，右击，在弹出的快捷菜单中依次选择"新建"→"文本文档"命令，建立一个空白文本文档。

⑤ 双击打开该文档，单击该文档空白处，此时，可以看到光标在编辑区左上角闪动。单击任务栏右侧的"语言栏"图标，在"输入法"菜单中选择"搜狗拼音输入法"，如图 1-38 所示。

图 1-37　搜狗拼音输入法的官方下载页面　　　　图 1-38　选择"搜狗拼音输入法"

⑥ 在键盘上依次敲击"我爱我的祖国"的拼音首字母，屏幕显示如图 1-39 所示。

⑦ 按空格键，汉字内容显示在文档中。按数字、符号键，可输入相应数字和符号信息。按【Shift】键切换中英文输入法，可输入英文信息，如图 1-40 所示。

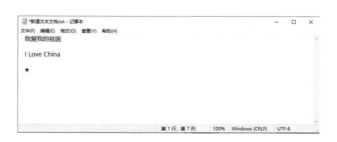

图 1-39　利用搜狗拼音输入法输入文字　　　　图 1-40　完成信息输入

2．使用搜狗输入法的语音功能输入信息

现在的智能终端几乎都配置有语音识别功能，利用语音识别功能可以实现信息输入。使用搜狗输入法的语音功能输入文字的方法如下：

① 连接麦克风，单击搜狗"工具箱"按钮，打开"搜狗工具箱"对话框，如图 1-41 所示。

② 单击"语音输入"按钮，显示"语音输入"面板，如图 1-42 所示。

③ 开始语音输入，完成后单击"完成"按钮，结束输入。

图 1-41 　"搜狗工具箱"对话框

图 1-42 　"语音输入"面板

3．使用 QQ 的扫描识别功能输入文本

使用扫描仪可以将打印稿、印刷稿或手写纸质文档转换成图像，然后通过光学字符识别软件将扫描的每个汉字的图形或图像，辨认成计算机文字，完成已有文本的快速录入。以下是使用 QQ 的扫描识别功能快速输入文本的操作过程。

① 打开 QQ，单击"+"，打开下拉菜单，如图 1-43 所示。

② 选择"扫一扫"，进入扫描操作界面，如图 1-44 所示。

图 1-43 　打开下拉菜单

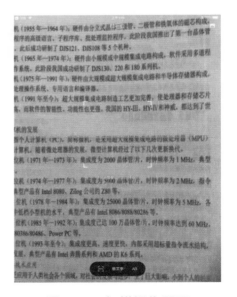

图 1-44 　扫描操作界面

③ 选择"转文字"选项，拍照，将需要转换的文字变成图像，如图 1-45 所示。

④ 单击"提取"选项，可以将拍摄的图片文字转变成文本文字，如图 1-46 所示。

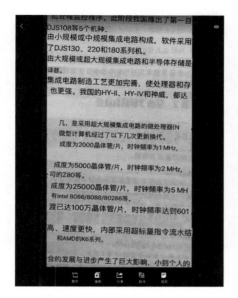

图 1-45 拍照转换文字

图 1-46 提取文字

⑤ 单击"导出文档"选项，即可将转换的文字保存为腾讯文档。请注意检查转换文字的正确性。

> **说一说**
>
> 科技工作者为解决汉字录入问题做出的巨大贡献。

1.4.5 学习操作系统自带常用程序的使用方法

操作系统自带许多常用的功能性程序，以满足用户在计算机运行时的其他功能需求，如了解生活方面的天气、地理信息，使用娱乐方面的媒体播放、各种小游戏等。小华觉得熟练使用这些程序，既可以避免安装程序的麻烦，也能提高使用效率，所以，抽出时间学习这些程序的操作方法。

◆ **操作步骤**

1．使用"天气"小工具

使用"天气"小工具有助于了解气象信息，方便生活和出行。

① 单击"开始"→"天气"命令，打开"天气"窗口，如图 1-47 所示。

② 在"搜索"框输入需要了解天气状况的地区名称，可显示该地区的气象信息，如图 1-48 所示。

③ 设置"选项"→"显示温度"→"启动位置"可以快速得到相关信息。

图 1-47　"天气"窗口

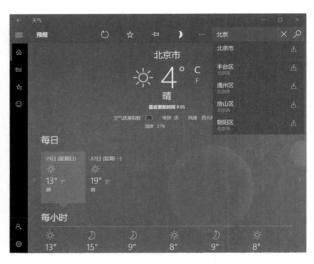

图 1-48　切换地区

2. 使用系统自带的播放器

使用系统自带程序的操作方式，与使用其他安装在系统中的程序没有太大差别。

① 单击"开始"→"Windows Media Player"命令，打开"Windows Media Player"窗口，如图 1-49 所示。

图 1-49　"Windows Media Player"窗口

② 双击所要播放的多媒体文件，即可开始播放。

③ 单击"播放所有音乐"按钮，可无序播放媒体库中的所有音乐。

说一说

结合操作系统自带程序，谈一谈合理利用资源的意义。

任务 5　管理信息资源

在计算机等电子智能设备中，信息资源通常以文件的形式存在。文件是用户赋予名称并存储在信息设备存储介质上的信息集合，它可以是用户创建的文档，也可以是可执行的应用程序或图片、声音等。管理信息资源思维导图如图 1-50 所示。

图 1-50　管理信息资源思维导图

◆ **任务情景**

小华学习使用的计算机和自己的手机在使用一段时间之后，速度感觉没有以前快了，存储的文件也变得繁多而混乱。他请教老师这是什么问题。

老师告诉他，这是两个不同的问题，希望他先集中精力学习如何有序管理信息系统中的文件，有序管理文件是高效使用计算机的基础。

如何组织、管理文件，如何快速地查找一个文件，成为小华急需解决的问题。

◆ **任务分析**

小华查阅了相关资料，明白了要想管理好自己的信息资源，至少要学会建立文件管理体系、了解信息资源类型，并学会备份重要文件。建立完整的文件管理体系是有序管理文件的基础，而熟知信息资源的类型，才可能正确归类管理对象，做到有效检索和有目的地调用信息资源。

1.5.1　建立文件管理体系

计算机等智能设备是以文件夹的形式管理信息资源的，小华要管理自己的文件，就要学会以目录结构建立文件夹。文件夹是组织和管理文件的一种形式，是为了方便用户查找、维护和存储而设置的，用户可以将文件分门别类地存放在不同的文件夹中。若要在 E 盘中分别建立"娱乐"和"工作资料"文件夹，用于存储用户的影音文件和工作文档，可按以下步骤操作。

◆ **操作步骤**

① 双击桌面上的"此电脑"图标，打开"此电脑"操作窗口。

② 双击要新建文件夹的"E 盘"图标，打开 E 盘。

③ 单击"主页"选项卡的"新建文件夹"命令，在 E 盘中新建两个文件夹。此时，两个文件夹的名称分别为"新建文件夹"和"新建文件夹（2）"。

④ 分别用右键单击这两个新建的文件夹，在弹出的快捷菜单中单击"重命名"命令，此时文件夹名称处于编辑状态（蓝色反白显示）。

⑤ 分别在文本框中输入文件夹的名称"娱乐"和"工作资料"，按【Enter】键或在文件夹以外单击鼠标完成命名操作。

⑥ 选中需要移动或复制的与"娱乐"有关的文件或文件夹。

> **提示：**
>
> 按住【Shift】键的同时可选定多个相邻的文件或文件夹，按住【Ctrl】键的同时可选定多个不相邻的文件或文件夹。

⑦ 单击"主页"选项卡中的"剪切"命令（如欲进行复制操作应选择"复制"命令）。

⑧ 打开 E 盘的"娱乐"文件夹，单击"主页"选项卡中的"粘贴"命令，实现文件移动。重复⑥⑦⑧步骤把与工作相关的文件或文件夹移入"工作资料"文件夹中。

说一说

结合文件管理体系的建立，谈一谈严谨有序工作习惯的重要性。

1.5.2 了解常用资源类型

为了便于归类管理信息资源，小华需要弄明白怎样正确识别不同的信息资源。常用的信息资源有音视频、文档、软件等几类，在计算机等设备中它们分别以不同的文件格式存放。文件格式（或文件类型）是计算机等智能设备为了存储信息而使用的特殊编码方式，用于识别内部存储的资料。每一类信息，都能以一种或多种文件格式保存在设备中，每一种文件格式通常会有一种或多种扩展名标识，也可能没有扩展名。

1. 认识文件格式

（1）了解文档文件格式。

文档文件的类型有很多，常见的文件包括能用所有文字处理软件或编辑器打开的.txt 文件、能用 Word 及 WPS 等软件打开的.doc 文件、能用 Adobe Acrobat Reader 打开的.hlp 文件、能用 WPS 软件打开的.wps 文件、能用 Word 及 WPS 等软件打开的.rtf 文件、能用各种浏览器打开的.html 文件，以及能用 Adobe Acrobat Reader 和各种电子阅读软件打开的.pdf 文件。

（2）了解图形文件格式。

以.bmp、.gif、.jpg、.pic、.png、.tif 为文件名后缀的是图形文件，此类文件可以使用常用的图像处理软件打开。

（3）了解声音文件格式。

常见的声音文件有能用媒体播放器播放的.wav 文件、能用 Winamp 播放的.mp3 文件、能用 Realplayer 播放的.ram 文件和能用常用声音处理软件打开的.aif 文件等。

（4）了解动画文件格式。

动画文件有能用常用动画处理软件播放的.avi 文件、能用 Vmpeg 播放的.mpg 文件、能用 Activemovie 播放的.mov 文件和能用 Flash Players 程序播放的.swf 文件等。

（5）了解压缩文件格式。

通过常见文件压缩工具，可以打开相应类型的压缩文件。WinRAR 可以打开.rar 文件，WinZip 可以打开.zip 文件，Arj 可以打开.ar 文件。UNIX 系统的压缩文件类型包括.gz、.z，可以用 WinZip 打开。

2．检索和调用信息资源

利用操作系统自带的搜索功能，可以进行关键字检索，帮助用户快速找到所需文件和相关信息。

① 打开"此电脑"，在搜索框输入关键字。

② 系统显示搜索结果，用户可以根据需要快速查找到相关内容。

说一说

使用网络信息资源应注意哪些问题？

1.5.3　信息资源的压缩、加密和备份

小华了解到压缩工具（如 WinRAR）是用户经常用到的一种工具，它可以把大文件压缩成一个较小的文件，更便于节约存储空间或者发送给远端用户，就花时间学习相关操作。在使用压缩工具压缩文件时，发现它还可作为一个加密软件使用，在压缩文件时设置一个密码就可以达到保护数据的目的。对于重要文件，最好留有备份，一旦出现文件丢失、损坏，还有补救的办法。

◆　**操作步骤**

1．压缩、加密文件

以 WinRAR 为例，操作过程如下。

① 找到并同时选中要压缩的文件。

② 单击鼠标右键，在弹出的快捷菜单中选择"添加到压缩文件"命令，打开对话框。

③ 在"常规"选项卡中单击"浏览"按钮，选择压缩后文件的存储路径并在"文件名"文本框中输入"文件名.rar"，单击"确定"按钮返回。

④ 单击"设置密码"按钮，打开"输入密码"对话框。

⑤ 按要求输入为压缩文件设置的密码，单击"确定"按钮完成密码设置。

⑥ 单击"确定"按钮，开始压缩文件。压缩结束，生成压缩文件"文件名.rar"。

2．备份、恢复文件

① 单击"开始"→"设置"→"更新和安全"→"备份"选项，打开"备份"操作窗口。

② 选择备份方式、备份文件，Windows 10 允许用户进行"基于云的备份"和"外部硬盘驱动器或网络驱动器的备份"。设置备份时间、保留版本等参数。

③ 打开"自动备份我的文件"，系统会根据设置备份文件。

④ 单击"开始"→"设置"→"更新和安全"→"恢复"选项，打开"恢复"操作窗口。

⑤ 系统允许进行"恢复此电脑""高级启动"等恢复操作。

说一说

加密与备份文件的重要性。

任务 6　维护系统

信息系统维护是指为适应系统运行环境和其他因素变化，保证信息系统正常工作而对系统进行的操作，其中包括系统测试、系统功能设置、用户安全管理、解决系统运行期间的各种问题等一系列具体工作。维护系统思维导图如图 1-51 所示。

图 1-51　维护系统思维导图

◆　**任务情景**

小华在使用、管理计算机等设备过程中遇到了各种各样的问题，如应用环境变化使原有的应用功能不能满足需要，有了新的用户需求需要改变原有的系统设置，如何发现系统运行中存在的问题，操作过程遇到了难题怎样快速解决等。

为了解决这些问题，小华开始收集资料，查找解决问题的办法。资料显示，解决问题会涉及智能终端设备配置、用户权限管理、系统测试工具使用和系统"帮助"应用等基本操作。

◆　**任务分析**

小华需要完成的任务大致可以分成三类，一是学会智能设备终端的配置操作，二是对用户进行有效管理，三是系统测试工具和"帮助"的使用。

配置终端是为了满足用户个性化的使用习惯，让终端设备更好地服务于用户；用户管理多从安全角度考虑，对多用户系统进行权限设置是有序、安全使用的基础；使用工具测试系统性能，便于系统管理者了解系统情况，有目的解决性能下降的问题，操作系统自带的"帮助"，可以快速解决使用过程遇到的难题。

1.6.1　配置信息终端

小华在前期使用计算机的过程中没有设置过键盘和鼠标，使用手机过程中仅设置过开机密码，是不是意味着终端设备不用设置呢？

信息终端是人机交互设备，配置信息终端是使用信息系统的前期工作。将信息终端配置成用户适应或满足需要的环境，不但能给信息系统使用者提供良好的操作体验，更能提高操作效率。

◆　**操作步骤**

1．配置计算机显示器

① 右击桌面空白处，在弹出的快捷菜单中单击"显示设置"命令，打开"显示"设置窗口，如图 1-52 所示。

② 可分别设置"亮度和颜色""Windows HD Color""显示分辨率"和"显示方向"，建议使用系统推荐分辨率。

图 1-52　"显示"设置窗口

提示：

在一台主机有多个显示屏幕（如连接投影仪）时，还可以进行"高级显示设置"。

③ 右击桌面空白处，在弹出的快捷菜单中单击"个性化"命令，打开"个性化"设置窗口，如图 1-53 所示。

④ 单击系统自带的任意一个主题，即可一次性更改计算机中的视觉效果（桌面背景、窗口颜色）和声音，也可以在连接互联网的情况下单击"在 Microsoft Store 中获取更多主题"以获取网络上丰富多彩的主题。

⑤ 在"个性化"设置窗口中，单击"开始""任务栏""字体""锁屏界面"等选项，可分别进行对应项的单独设置。

2. 配置键盘、鼠标

① 单击"开始"→"设置"→"设备"选项，打开"设备"设置操作窗口，如图 1-54 所示。

② 单击"鼠标"，可以进行鼠标按键、滚轮设置。

③ 单击"输入"，可以进行软件键盘和硬件键盘设置。

④ 选择其他设备选项，可以进行相关设备的设置。

图 1-53　"个性化"设置窗口　　　　　图 1-54　"设备"设置操作窗口

 说一说

结合终端配置，谈一谈尊重他人的重要意义。

1.6.2　管理用户权限

设置用户应用权限是智能设备使用过程中非常重要的一项工作，使用手机前，先设置密码，就是授权密码拥有者具有使用权，其他人无权使用。若不做用户权限限制，无法限制越权使用，应用安全可能失控。

多个用户使用同一个智能设备时，需要对使用者进行必要的权限分配，以保证不同用户拥有不同的使用权限，使多个有不同需求的用户都能有序使用该设备，这在一定程度上也保证了存储在同一台设备中信息资源的应用安全。

◆　操作步骤

1．设置新用户

① 单击"开始"→"设置"→"账户"选项，打开"账户"设置操作窗口，如图 1-55 所示。

② 单击"其他用户"选项，打开"其他用户"设置操作窗口。单击"将其他人添加到这台电脑"选项，打开"本地用户和组（本地）"对话框。

③ 在左侧的窗格中单击"本地用户和组"选项，显示用户和组。

④ 单击"用户"选项，显示当前设备的所有用户，右键单击空白处，在弹出的快捷菜单中单击"新用户"命令，打开"新用户"对话框。

图 1-55　"账户"设置操作窗口

⑤ 输入用户名和密码，全名和描述内容可忽略不填。单击"创建"按钮，完成新用户创建任务。

⑥ 双击"新建用户"选项，打开新建用户"属性"对话框，选择"隶属于"选项，可看到新建用户属于受限"Users"，无法进行有意或无意的改动操作。

2．用户权限设置

① 双击要更改权限的用户，打开"属性"对话框。

② 单击"添加"按钮，打开"选择组"对话框，单击"高级"按钮，展开"选择组"对话框。

③ 单击"立即查找"按钮，显示搜索结果，根据该用户的权限选择组，将该用户添加至所选组中。

④ 下一次用户登录时更改生效。

3．设置 Pad 应用安全

① 在 Pad 桌面打开"设置"界面，可以设置 Pad 中提供的安全和隐私保护功能，也可进行 WLAN 连接上网，如图 1-56 所示。

② 进入"隐私"选项，可以设置与个人隐私有关的各种参数，如图 1-57 所示。

③ 进入"用户和账户"选项，可以进行管理，如图 1-58 所示。

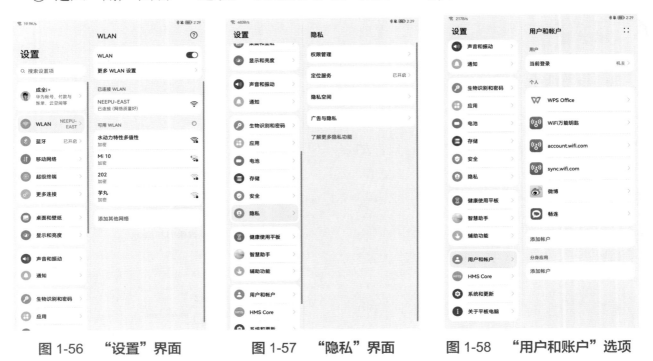

| 图 1-56 "设置"界面 | 图 1-57 "隐私"界面 | 图 1-58 "用户和账户"选项 |

 说一说

结合用户权限管理，谈一谈分级授权的意义。

1.6.3 系统测试与维护

小华作为智能设备的使用者，发现使用的系统性能有所下降，他需要想办法直接判定导致性能下降的原因，有针对性提出解决方案，提升系统性能。

计算机的性能可以根据应用需要，使用测评软件进行测试，如网络性能测试、图像处理测试、视频播放测试等。如果不使用专门的测试工具，可以考虑使用系统自带的测试工具，以评估系统性能。

◆　操作步骤

1．系统性能测试

① 单击"开始"→"Windows 管理工具"→"性能监视器"选项，打开"性能监视器"窗口查看系统性能，如图 1-59 所示。

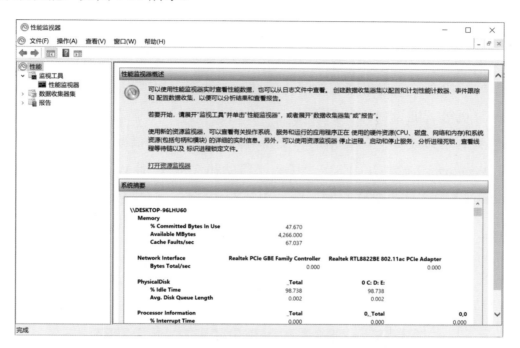

图 1-59　"性能监视器"窗口

② 单击"打开资源监视器"选项，打开"资源监视器"窗口，可以查看 CPU、内存等情况。

2．系统维护

系统维护中最简单的一种方法是磁盘清理，其操作步骤如下。

① 单击"开始"→"Windows 管理工具"→"磁盘清理"选项，打开"磁盘清理：驱动器选择"对话框。

② 选择需要进行清理的驱动器，系统默认为"C:"。

③ 单击"确定"按钮，会显示磁盘清理检查进度。

④ 检查完毕，打开"系统（C:）的磁盘清理"对话框，其中显示建议删除的文件和所占用磁盘空间的大小。

⑤ 在"要删除的文件"列表框中选中要删除的文件，单击"确定"按钮，在弹出的"磁盘清理"对话框中确认是否删除选中的文件。

说一说

国内安全厂商开发系统测试工具的意义。

1.6.4 应用"帮助"解决问题

小华在使用计算机的过程中，若遇到难题，第一时间使用系统自带的"帮助"功能，快速查找应用难题的解决办法。仍不能有效解决问题时，他会使用"百度"搜索查找需要的答案。

在使用计算机等智能设备的过程中，用户会遇到各种不知道该怎样解决的问题，此时若能第一时间想到利用系统提供的"帮助和支持"功能，可省去借助第三方工具查找解决问题方法的麻烦。Windows 7 的"开始"菜单中有"帮助和支持"，而 Windows 10 则是利用自带的虚拟助理 Cortana（中文名：微软小娜）帮助用户搜索文件、安排会议、回答用户问题。

◆ **操作步骤**

① 单击"开始"→"设置"→"Cortana"选项，打开 Cortana 设置操作窗口。

② 完成设置后，可以通过语音联系虚拟代理获取帮助，如图 1-60 所示。

图 1-60　虚拟代理

说一说

结合信息化办公环境中的常用"帮助"功能，谈一谈自主解决问题的重要性。

考 核 评 价

序 号	考 核 内 容	完 全 掌 握	基 本 了 解	继 续 努 力
1	理解信息技术的概念，了解信息技术的发展历程；能描述信息技术的典型应用及其对人类社会生产、生活方式的影响；了解中华民族对信息技术发展的贡献			
2	了解信息社会的特征和相应文化、道德和法律常识；了解信息社会的发展趋势和智慧社会的前景；在信息活动中自觉践行社会主义核心价值观			
3	了解信息系统的组成，了解常用数制转换方法，了解信息编码的常见形式；会进行存储单位的换算；了解我国对进制发展的贡献			
4	能正确识别和选用信息技术设备，了解常用信息技术设备的类型和特点；能描述信息技术设备的主要性能指标，能根据需求选用合适的设备；能正确连接计算机、移动终端和常用外围设备，并将信息技术设备接入互联网；会正确设置计算机和移动终端等信息技术设备；具备不断学习新知识、新技术的意识，能安全使用信息设备			
5	能描述计算机操作系统的功能，能列举主流操作系统类型和特点，了解发展国产操作系统的重要性；了解主流操作系统用户界面；会进行图形用户界面操作；了解中英文输入方法，能熟练使用输入设备输入文本和符号；会安装、卸载程序；会使用系统自带工具提升工作效率			
6	能描述文件和文件夹的概念及作用，会运用文件和文件夹管理信息资源；能辨识信息资源类型，会检索、调用信息资源；能熟练进行压缩、加密和备份文件等操作；具有规则意识，尊重知识产权			
7	能对计算机和移动终端等信息技术设备进行简单的安全设置，会进行用户管理及权限设置；会使用工具软件进行系统测试与维护；会使用"帮助"等工具解决信息技术设备及系统使用过程中遇到的问题；了解安全、优化生产的重要性，能高效管理和使用信息系统			
收获与反思	通过学习，我的收获： 通过学习，发现的不足： 我还需要努力的地方：			

本 章 习 题

一、选择题

1. 掌握信息技术、增强信息意识、提升信息素养、树立正确的信息社会价值观和责任感，已成为现代社会对高素质技术技能型人才的_____要求。

　　A．特别　　　　　　B．专业　　　　　　C．基本　　　　　　D．特殊

2. _____知识、物质和能量一起构成社会赖以生存的三大资源。

　　A．技术　　　　　　B．信息　　　　　　C．网络　　　　　　D．数据

3. 在信息社会中，信息、知识将成为_____的生产力要素。

　　A．重要　　　　　　B．基本　　　　　　C．特殊　　　　　　D．特别

4. 不属于汉字编码的是_____。

　　A．BCD 码　　　　 B．输入码　　　　　C．机内码　　　　　D．字形码

5. 不属于计算机存储器性能指标的是_____。

　　A．速度　　　　　　B．体积　　　　　　C．容量　　　　　　D．位价

6. 不属于程序设计语言的是_____。

　　A．机器语言　　　　B．汇编语言　　　　C．自然语言　　　　D．高级语言

7. 移动智能终端不包括_____。

　　A．手持扫描仪　　　B．智能手机　　　　C．笔记本电脑　　　D．可穿戴设备

8. 不是声音文件后缀的是_____。

　　A．wav　　　　　　B．mp3　　　　　　C．pdf　　　　　　　D．ram

9. U 盘（也称优盘、闪盘）是一种可_____的数据存储工具。

　　A．移动　　　　　　B．固定　　　　　　C．安装　　　　　　D．以上都对

10. _____是用于存放暂时不用的程序和数据的数据存储工具。

　　A．外存储器　　　　B．内存储器　　　　C．高速缓存　　　　D．以上都可以

二、判断题

1. 信息技术也常被称为信息和通信技术。　　　　　　　　　　　　　　（　　）

2. 计算机与现代通信技术的有机结合，产生了新的社会形态。　　　　　（　　）

3. 信息技术教育是素质教育的重要组成部分。　　　　　　　　　　　　（　　）

4. 汉字输入的音码是根据汉字读音的编码。　　　　　　　　　　　　　（　　）

5．信息系统是由人机构成的复杂系统。 （　　）

6．在计算机中，程序与数据采用不一样的存取方式。 （　　）

7．计算机的工作原理可以概括为存储程序控制。 （　　）

8．系统软件是指管理、监控和维护计算机资源的软件。 （　　）

9．压缩工具不可以作为加密软件使用。 （　　）

10．U 盘具有容量大、读写速度快、体积小、携带方便等特点。 （　　）

11．U 盘使用完毕后直接拔掉就可以了。 （　　）

12．计算机的换代标志主要是操作系统的进步。 （　　）

13．按住【Ctrl】键的同时可选定多个相邻的文件或文件夹。 （　　）

14．进入"回收站"的内容都不能恢复。 （　　）

15．计算机操作过程不会涉及节能环保问题。 （　　）

三、操作题

1．结合生活常识，谈谈在信息社会如何践行社会主义核心价值观。

2．结合所学知识总结学校学籍管理系统的运行机制，写出具体的工作流程。

3．将投影仪连入计算机系统，调整投影仪的各个参数，使之达到最佳效果。

4．设置操作系统桌面，使之满足自己的个性化需求。

5．设置智能设备终端，使之满足个人的操作习惯。

6．使用一种工具测试所使用计算机的性能，结合测试结果提出优化方案。

第 2 章　网络应用

当今世界，信息技术日新月异，以数字化、网络化、智能化为特征的信息化浪潮蓬勃兴起。随着我国经济社会的迅速发展，"互联网+"成为时代发展的标志，大数据、云计算、物联网等新兴技术的创新层出不穷，促进网络技术在各个领域得到广泛应用和发展。

场景 01　5G 网络

第五代移动通信技术（简称 5G）是具有高速率、低时延和大连接特点的新一代宽带移动通信技术。我国全面参与 5G 国际标准制定，已建成全球规模最大的 5G 网络。依托 5G 网络，可实现 VR/AR、超高清视频、车联网、联网无人机、远程医疗、智慧电力、智能工厂、智能安防、个人 AI 设备、智慧园区。5G 的发展不仅推动信息通信业实现跨越式发展，更为经济社会数字化转型注入强劲动力。未来，也将会有更低时延、更高速率的网络技术成为承载网络互联的基础。

场景 02　数据互联

为加快发展数字经济，促进数字经济和实体经济深度融合，近年来我国开展了数据互联互通工程。数据互联能够有效打破数据孤岛导致的数据流动和利用效率低下等问题，提升政务服务能力和水平，方便人民生活。网上政务大厅提供防疫健康信息查询、公积金查询、跨省异地就医、社保卡办理等一站式的服务。政务系统中的大数据分析平台提供多维度的用户行为分析，根据网上办事用户行为分析，完成从监管到服务的转变，提高办事效率。

场景 03 物联网应

小米智能家居技术，能实现在异地控制家中的电器设备，让人们及时获取设备运行情况。基本实现原理是，用户通过"米家"App 或者"小爱音箱"App，远程控制智能设备（如扫地机器人、温湿度控制器等），及时掌控家中的卫生及温湿度情况等，确保下班回到家中时有一个干净清新的环境。

场景 04 云网融合

"云网融合"推动数字经济发展，助力全面建设社会主义现代化国家，赋能经济社会数字化转型。（云网融合要求承载网络可根据各类云服务需求按需开放网络能力，实现网络与云的敏捷打通、按需互联，并体现出智能化、自服务化、高速化。）云网融合管理平台用于云网的智能管控，具有全自动部署、零配置智能组网、智能故障修复、云上安全扫描、一站式自主服务等功能，可实现业务监控、智能化故障排除，变被动式运维为主动式服务，提前预警故障隐患。如图 2-1 所示为某云网融合平台示意图。

图 2-1 某云网融合平台示意图

任务1　认识网络

信息化作为经济社会发展的显著特征，逐步向全方位演进，信息资源也日益成为重要生产资料要素。网络作为信息通道，不仅涵盖信息传输的各种技术，而且成为信息传播和知识扩散的新载体。了解网络技术有助于增强网络安全意识、提升网络认知能力，也能有效提高学习工作的效率。

何为网络？我们常说的"网络"泛指电信网络、有线电视网络及计算机网络。随着三网技术的发展与融合，网络逐步向计算机网络方向发展。计算机网络技术把互联网上分散的资源融为一个有机整体，实现资源的全面共享与协作，让人们能够轻松获取所需的资源，无论身处何地，皆能及时使用。认识网络思维导图如图2-2所示。

图2-2　认识网络思维导图

◆　**任务情景**

小华打算暑假期间在系统集成公司实习，希望实地了解一些网络的相关知识。

小华的爸爸给小华安排好了实习事宜，并告诉他公司地址及实习时间。周一，小华早早来到公司楼下，从公司里走出一个迎宾机器人，眼睛忽闪忽闪扫描了小华全身后开口说道："小华同学您好，欢迎您来本公司实习！下面由我带您去办理实习手续。"

迎宾机器人带到办公室后，实习老师给小华简要介绍了公司业务。小华跟随机器人参观了公司智能化会议室、餐厅、阅览室及数据中心。在智能化会议室，几个技术人员正在召开网络视频会议；在餐厅，员工通过扫描支付码打饭；在阅览室，员工通过移动设备查看公司资料；在数据中心，网络设备、服务器通过网线互连，实现数据的可靠传输。

◆　**任务分析**

参观完毕，小华深感眼界大开，并向实习老师请教支撑这一切的底层技术。

实习老师说："是网络技术解决了在线支付、在线学习及远程会议等问题；网络技术还是实现物物互连、人人互通的基础，它对信息技术的发展起着支撑作用。智能终端设备通过正确的网络配置联网，实现互连互通，就可获取网络资源。互联网技术提升了我们在工作、学习等活动中的效率；在线学习、远程会议等信息化手段的应用，影响着组织及个人的行为和关系。"

小华知道了，要想搞懂网络技术带来的变化，就需要了解网络技术的发展，了解网络体系结构及 TCP/IP 相关知识，了解互联网工作原理。

2.1.1　了解网络技术

网络技术把公司资源共享到互联网上，供员工在线使用，改变了员工的生活、工作、学习方式。

计算机网络，通常是指将不同地理位置、具有独立功能的计算机及智能设备，通过通信链路连接起来，在网络操作系统、网络管理软件及网络通信协议的管理和协调下，实现资源共享和信息交换的计算机系统的集合。随着科技的发展，网络技术实现了从计算机网络时代到移动互联网络时代的跨越，但计算机网络仍然是其他网络技术发展的基础。这些资源，包括高性能计算、信息资源、存储资源、网络、数据库等软件资源、硬件资源和数据资源等。以远程视频会议为例，用于展示 PPT（演示文稿）的是软件资源，用于视频数据传输的是硬件资源，共享的视频或文稿是数据资源。

1. 了解计算机网络的发展

网络技术的迅速发展，不仅对社会发展有促进作用，而且能扩展人们的思维模式和交流方式，对在校学生的思想道德和价值取向带来了很大影响。通过了解网络技术发展史，可以清楚认识网络技术给人们生活带来的巨大变化，帮助人们理解网络技术的影响力，加深对网络技术的认识。以单个计算机为中心的远程联机系统，构成面向终端的计算机网络，以太网技术的迅速发展，促进局域网技术成熟，多机互联的智能网络改变了整个社会形态。（表 2-1 为计算机网络发展历程）1980 年我国进入互联网探索期后，借助卫星线路实现信息检索；以门户网站为代表的应用服务实现了互联网初期的服务市场，并加快信息检索、即时通信等的应用；直至宽带网络技术上升为国家战略，移动互联网把经济、社会、人文融为一体，形成构建网络强国的基础。（表 2-2 为我国互联网的发展历程）

《中国互联网发展报告 2022》指出，我国信息基础设施建设全球领先，一体化大数据中心完成布局；数字经济赋能作用凸显，数据要素市场加速培育；数字化公共服务效能增强，社会治理向智慧化方向发展；网络文明建设稳步推进，网络综合治理体系更加健全；数据安全保护体系初步建立；网络法治建设逐步完善；网络空间国际交流合作实高效，数字合作展现新作为。

表 2-1　计算机网络发展历程

阶　段	时　间	概　述
第一阶段	20 世纪 50 年代中期	以单个计算机为中心的远程联机系统，构成面向终端的计算机网络
第二阶段	20 世纪 60 年代中期	开始进行主机互联，多个独立的主计算机通过线路互联构成计算机网络，无网络操作系统，只是通信网。60 年代后期，ARPANET 网出现
第三阶段	20 世纪 70—80 年代中期	以太网产生，ISO 制定了网络互联标准 OSI，世界范围内具有统一的网络体系结构，遵循国际标准化协议的计算机网络迅猛发展
第四阶段	从 20 世纪 90 年代中期开始	计算机网络向综合化、高速化发展（国际互联网与信息高速公路），同时出现了多媒体智能化网络，局域网技术发展成熟

表 2-2　我国互联网的发展历程

阶　段	时　间	概　述
探索期	1980—1993 年	在 20 世纪 80 年代初，中国民间学术机构就通过位于中国香港和北京的国际在线信息检索终端，借助租用的卫星线路，实现相关的信息检索。此外，一些学者也开始尝试较为新型的信息传输方式——电子邮件。同时，国内科学家也开始中国全功能接入国际互联网的探索和实践
基础初创期	1994—1999 年	中国 1994 年实现与国际互联网的全功能接入。中国基础网络建设和关键资源部署步入正轨，网民规模达到千万量级，以门户网站为代表的应用服务拉开互联网创新、创业的序幕。互联网治理从计算机网络管理向互联网信息服务管理转变。这一阶段上网步骤复杂，网速慢，网民规模非常小，同时，开启了中国互联网企业的发展
产业形成期	2000—2004 年	中国互联网信息服务业体系逐步建立，网民数量实现翻两番，初步形成互联网服务市场的用户规模效应。伴随网民规模的扩大，以搜索引擎、电子商务、即时通信、社交网络、游戏娱乐等为主要业务的互联网企业迅速崛起。各相关政府部门建章立制，行业组织相继建立并开始发挥积极作用
发展融合期	2004—2014 年	宽带网络建设上升为国家战略，网民数量保持快速增长，网络零售与社交网络服务成为产业发展亮点，移动互联网的兴起带动互联网发展进入新阶段，互联网治理体系在探索中逐步完善。2008 年中国网民数量、宽带网民数量及中文域名数量居世界第一，中国互联网企业也发展迅速
网络强国期	2015 年一至今	2014 年网络强国战略提出以来，互联网的创新成果与经济社会各领域深度融合，"互联网+"全面实施，互联网治理强化统筹协调；进入创新发展阶段，竞争愈发激烈，5G 开始商用，进一步推动企业在人工智能等领域技术创新。同时，国家大力支持自主创新，强调掌握区块链关键技术推动行业发展

2. 了解计算机网络的分类

　　了解计算机网络的分类，不仅是为了从不同的角度观察网络系统，更重要的是通过网络分类的划分全面了解网络系统的特性，帮助人们理解网络技术，加深对网络技术融入现实生活的认知。计算机网络的分类可按照不同的维度标准进行划分：地域范围、拓扑结构、管理模式，具体见表 2-3、表 2-4 和表 2-5。

表 2-3 按地域范围

地域范围	技术条件	覆盖范围
局域网（LAN）	有限的地域内构建相对较小的网络	一般不超过几十公里，比如一间办公室、一所校园等
城域网（MAN）	一种大型的局域网，类似于局域网技术	一般几十公里到几百公里，比如一个城市或地区
广域网（WAN）	又称远程网，跨越城市或国家	通常几十公里或几千公里，把众多 LAN、MAN 连接起来

表 2-4 按拓扑结构

结构类型	功 能	特 点	优/缺点
总线型网络	所有计算机通过硬件接口连接到总线上，任何计算机发送信号都会双向传播，且被其他计算机所侦听	响应速度快、共享资源能力强、设备投入量少等	优点：布线容易、可靠性高，易于扩充；缺点：对总线的故障敏感，任何总线的故障都会影响整个网络的运行
星形网络	由中央节点和通过点到点的通信链路连接到中央节点的各个计算机组成，采用集中式控制	具有信号放大、存储和转发等功能，各计算机通过交换机与其他计算机通信，又称为集中式网络	优点：建网容易，网络控制简单，故障检测和隔离方便；缺点：网络中央节点数据转发负担过重，容易形成瓶颈
环形网络	所有计算机与公共电缆连接，电缆两端连接起来形成闭环	数据在闭环上以固定方向流动	优点：结构简单、容易实现，通信接口和管理软件都比较简单；缺点：节点发生故障，会引起全网故障，不易扩展
树形网络	星形网络的扩展	分层管理网络节点	优点：易于扩展，路径选择方便，若某一分支节点发生线路故障，易于将分支与整个系统隔离；缺点：对树根的依赖性大，如果根节点发生故障则全网不能正常工作
网状形网络	是一个混合网络结构，由星形、总线型和环形混合而成	实现网络设备的全部或部分互通，也能实现通信线路的冗余和备份	优点：使其容错能力最强，可靠性更高；缺点：拓扑结构复杂，其安装和配置都比较困难；网络控制机制复杂，必须采用路由算法和流量控制机制

表 2-5 按管理模式

管理模式	特 点
C/S 网络	即客户机/服务器网络，是由一台高性能服务器提供服务，其他计算机向它发出请求获取相关服务，此类网络结构的性能取决于服务器的性能和客户机的数量
对等网络	最简单的网络，在网络中没有专门的服务器，接入到网络中的机器没有级别区分，相互之间共享对方的资源

3. 了解互联网的影响与网络文化特征

互联网的发展促进了人类社会的发展，通过网络交流，人们可以获得更多信息，改变固有的生活方式和节奏。因此，互联网信息技术带来的惊喜和挑战远超我们的想象。

（1）互联网对组织的影响。

互联网技术已经深入到社会生活的方方面面，深刻影响着人们的生活、工作、学习与交流方式，对于企业组织也产生了很大影响。在人类历史上，人类社会的劳动经过了分散劳动和集体劳动两个阶段，由于互联网技术的广泛应用，出现了具有更高层次"以人为本"的自主劳动方式，如：家庭办公，把过去分散的劳动推向了更高的层次。

从现代社会分工的角度来看，互联网技术将更高水平的社会化分工统一起来，"以人为本"的自主劳动方式更符合人性化。根据人们不同的需求，互联网也在不断完善自身技术，进而推动社会生产等各项事业的发展。

（2）互联网技术对个人的影响。

互联网技术的飞速发展，使得人们的网络生活与现实生活越来越密切。用户通过订购平台，可以实现购物、订外卖等服务，越来越方便地进行物品交换与信息获取。互联网技术对个人的影响，主要体现在以下几个方面，见表2-6。

表2-6　互联网对个人的影响

影响面	特点
学习行为	互联网技术提升了人们获取知识的便利性，人们可以在线听课、在线互动、在线进行课程实验等，这种新的学习方式改变了传统的教学模式，让人们的学习变得更具自主性。基于此，网络上涌现了一批较好的学习资源，比如：腾讯课堂、网易云课堂、慕课等，极大方便了相关知识的学习
交往行为	互联网技术有利于扩大人们交际的范围，拓宽交流的渠道，促进人际交往新方式的产生。由于其安全、隐私的特点，在虚拟网络环境下，人们的交流变得更加单纯，更容易释放自我，往往比现实生活中表现出更强烈的个性
追求价值行为	通过微博、朋友圈等网络信息发布平台，可以获取更多的知识，进而影响自我认知与价值实现

互联网是一把双刃剑，除了好的方面，也存在一些负面影响，比如：个人信息安全隐患、网络上的不良信息对青少年的影响及人类交流语言的退化等。面对这些负面影响，有效地趋利避害，变负面影响为正面影响将越来越重要。

（3）网络文化的特征。

随着互联网技术不断发展，互联网影响下的社会文化也发生着变化，见表2-7。

表2-7　网络文化特征

特征	特点
补偿性	互联网是具有巨大吸引力的虚拟空间，人们可以大胆发表意见，充分展现自身的闪光点，也可以相互交流、相互帮助，获得尊重与友谊，实现自我价值。对于很多人来说，这是对现实世界的很好补充
极端性	网络上的群体讨论具有群体极端化效应，人们普遍具有从众心理，都希望自己表达的言论更加突出，因此不知不觉中会把原有观点推向极端化。网络的实时性、开放性及互动性的特点，可以使信息在极短时间内传播到数量庞大的人群中，引起讨论，逐步强化，产生极大的群体极端化效应。 互联网放大了个人行为的影响，无论是善的方面，还是恶的力量，在现实生活中的传播、分散，往往都会带来极端效应
大众性	互联网的开放性，使得人们可以获取大量的信息，人们不再羡慕专家和学者，而是将他们的观点与自己掌握的知识进行比较、分析，从新的视角提出自己的看法

说一说

网络应用给生产生活带来哪些变化？

2.1.2　了解网络体系结构及 TCP/IP 相关知识

会议室的远程会议、餐厅的在线支付，通信两端都要遵守网络体系结构的数据规约，才能保障通信两端数据传输的可靠。网络体系结构从功能上描述，是指计算机网络层次结构模型和各层协议的集合。具体来说，是关于计算机网络应设置哪几层，每层应提供哪些功能的精确定义。对众多网络体系结构概念的学习，有利于对通信数据传输的理解。

1. OSI 参考模型

自 1974 年 IBM 发布第一个计算机网络体系结构（SNA）开始，不同的公司相继推出不同名称的体系结构。为了使不同体系结构的计算机网络实现互通互连，国际标准化组织 ISO 专门成立研究机构，经多次讨论并公布了开放系统互连参考模型（OSI 参考模型），如图 2-3 所示。

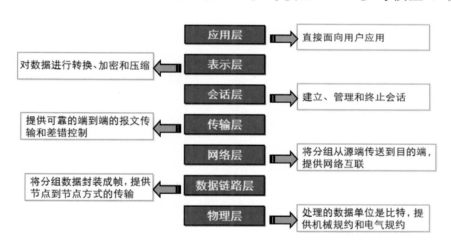

图 2-3　OSI 参考模型

OSI 参考模型中各层的功能和特点见表 2-8。

表 2-8　OSI 参考模型中各层的功能和特点

层　次	功　能	特　点
物理层	该层直接面向比特流（bit）的传输	定义了系统的电气、机械、过程和功能标准
数据链路层	在通信实体之间建立数据链路连接，无差错地传输数据帧	实现相邻节点间无差错的数据传送，数据链路层在数据传输过程中提供了确认、差错检测和流量控制等机制
网络层	在通信网络中选择一条合适的路径，使得发送端传输层传输的数据能够通过所选择的路径到达目的端	负责通信子网的流量和拥塞控制

续表

层　　次	功　　能	特　　点
传输层	为下三层网络通信提供服务，确保信息被准确有效地传输	提供差错控制和流量控制等机制
会话层	会话连接管理、会话活动管理、数据交换管理	会话层在两个应用进程之间建立、维护和释放面向用户的连接，并对"会话"进行管理，保证"会话"的可靠性
表示层	语法转换、传送语法协商、连接管理、数据压缩	提供一种公共语言，完成应用层数据所需的任何转换，以便进行互操作
应用层	为用户提供分布式处理环境服务	由若干应用组成，网络通过应用层为用户提供网络服务

2．TCP/IP 协议结构

OSI 参考模型的七层体系结构较复杂且实用价值不高，但其清晰的概念，可以做到对理解网络协议内部运行原理提供很大帮助。在实际网络应用中，ARPA（美国国防部高级研究计划局）颁布了一个实用的标准体系：TCP/IP 协议结构。TCP/IP 模型与 OSI 参考模型的对应关系如图 2-4 所示。

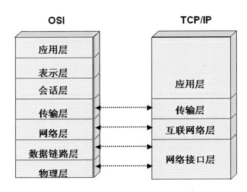

图 2-4　TCP/IP 模型与 OSI 参考模型的对应关系

TCP/IP 协议是实现各异构网络互连的一种网络协议，已成为互联网络的工业标准，其中有两个协议（TCP 协议、IP 协议）在互联网中起着重要的作用。TCP 协议主要负责与远程主机可靠连接；IP 协议主要负责寻址，这样的协议组合使得连接到网络中的用户都能访问和共享互联网上的信息。TCP/IP 协议结构按不同的网络功能划分层次，见表 2-9。

表 2-9　TCP/IP 协议结构

层　　次	功　　能	特　　点
网络接口层	使得 TCP/IP 协议可以运行在任何底层网络上，实现它们之间的相互通信	定义了网络接口协议，为适应各种物理网络类型提供了灵活性
网　络　层	主要处理来自传输层的分组数据报（IP 数据报），并为该数据报提供路径选择，最终将数据报发送到目的主机	主要提供的协议有 IP、ICMP、ARP、RARP 等
传　输　层	负责进程到进程之间的端到端通信，为保证数据传输的可靠性，传输层协议提供了确认、差错控制和流量控制等机制	它从应用层接收数据并分成较小的单元，传送给网络层，确保接收方各段信息正确无误。传输层中，主要提供的协议有 TCP 协议和 UDP 协议
应　用　层	对应于 OSI 模型中的高三层，为用户提供网络服务，比如，文件传输、远程登录、域名服务等	在应用层中，提供的协议有很多，主要的协议为 FTP、HTTP、Telnet、SNMP 和 DNS 等

3. IP 相关知识

网络层是 TCP/IP 协议的关键部分，负责把主机要发送的数据经网络传输到目的地。为了实现互联网中不同主机之间的通信，需要给每台主机配置唯一的地址。物理层采用 MAC 地址（互联网协议地址）来表示网络中的一个节点，数据在网络上进行传输时，需要按照互联网中的网络地址来进行通信，即 IP 地址。

（1）IP 地址的组成。

在互联网中有成千上万独立的网络，每个网络会有很多主机，这样的互联网一定具有层次结构，如图 2-5 所示。与之对应的 IP 地址也会采用这种结构进行地址标识（网络号+主机号），如图 2-6 所示。

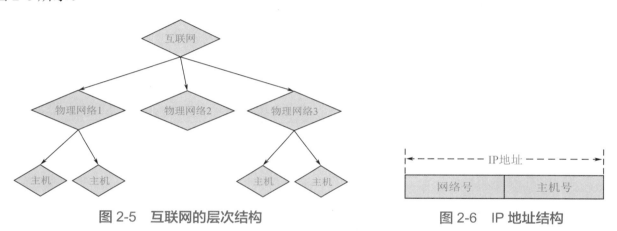

图 2-5 互联网的层次结构　　　　　图 2-6 IP 地址结构

目前常使用的 IP 协议版本是 IPv4，它的 IP 地址由 32 位二进制数组成，按 8 位为单位分成 4 个字节，通常以十进制方式表示，如 192.168.0.1。

（2）IP 地址的分类。

IP 地址可以分为 A、B、C、D、E 五类，其中 A～C 三类地址称为基本地址，D 类地址为多播地址，E 类地址为保留地址，这五类 IP 地址的结构如图 2-7 所示，具体划分见表 2-10。

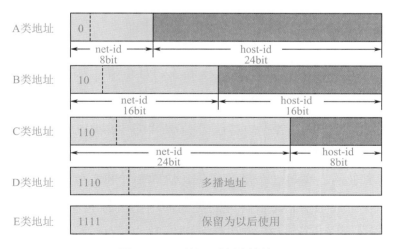

图 2-7 五类 IP 地址结构

表 2-10　IP 地址划分

类　别	网　络　号	主　机　号	网　络　数	主　机　数
A 类	7	24	2^7-2	$2^{24}-2$
B 类	14	16	$2^{14}-2$	$2^{16}-2$
C 类	21	8	$2^{21}-2$	2^8-2

从功能上说，A～C 三类地址用于互联网上主机的基本通信，D 类多播地址用于网络上主机之间组播报文的发送和接收。在这五类地址中，还存在一些特殊的网络地址，具体见表 2-11。

表 2-11　特殊网络地址

类　别	IP 地址
网络地址	192.168.0.0
广播地址	255.255.255.255
回送地址	127.0.0.1
私有地址	10.0.0.0～10.255.255.255 172.16.0.0～172.31.255.255 192.168.0.0～-192.168.255.255

（3）IP 地址的计算。

在五类 IP 地址中，A～C 三类地址适用于不同规模的局域网络连接到互联网，而作为中小企业和个人用户通常使用 C 类地址，它可以容纳 254 台主机。在实际网络应用中，从对网络管理、网络性能及系统安全的考虑，需对单一的逻辑网络进行物理划分，划分后的网络称为子网，如图 2-8 所示，默认子网掩码见表 2-12。

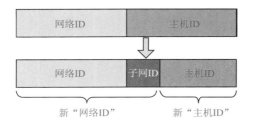

图 2-8　网络子网划分

表 2-12　默认子网掩码

地址类型	子网掩码
A 类	255.0.0.0
B 类	255.255.0.0
C 类	255.255.255.0

例如，某企业共设有研发部、财务部、人事部、总务办、运营部 5 个部门（每个部门有10 台主机），为了方便办公，需要将不同办公区不同工位的同一部门人员进行统一的网络管理，可以对分配的 C 类 IP 地址（223.5.4.0）进行子网划分来实现。

分析：5 个部门之间的网络独立，因此，需要把网络划分为 5 个子网。根据子网划分原理，可以借用 3 位，有 8 个子网，满足 5 个部门需求，这时每个部门主机数 $2^5-2=30$ 台，对于每个部门有 10 台主机而言，主机数浪费。比较合理的是需借用主机号的 4 位划分子网，此时，每个部门的主机数为 $2^4-2=14$ 台，那么子网掩码后 8 位二进制为 11110000，转换成十进制数为 240，即子网掩码为 255.255.225.240，子网主机号划分见表 2-13。

表 2-13　子网主机号划分

子 网 号	部 门	地 址 范 围
1	研发部	223.5.4.1～223.5.4.14
2	财务部	223.5.4.17～223.5.4.30
3	人事部	223.5.4.33～223.5.4.46
4	总务办	223.5.4.49～223.5.4.62
5	运营部	223.5.4.65～223.5.4.78

说一说

结合子网的划分，谈一谈你对合理利用资源的理解。

2.1.3　了解互联网的工作原理

互联网（Internet）又称因特网，是广域网、城域网、局域网及单机按照互联网协议组成的国际计算机网络。在阅览室，员工使用移动设备查阅公司资料，正是利用互联网技术对资料进行收集、管理、检索的表现。在这种资料获取的人机交互过程中，数据的传输需要做到两件事情：一是确认数据传输目的地址，一是保证数据可靠传输的措施。互联网协议作为一种专门的网络协议，用于保证数据传输时能安全、可靠地到达目的地，主要通过 TCP 和 IP 协议协作，完成终端之间的网络通信。

例如，你要给人寄送包裹，就会联系快递公司，提供包裹寄达地址，由快递员将包裹送达对方手中。如果用网络数据传输做类比，包裹里的物品就是传递的数据，寄达地址就是数据传输的目的地址。如果选择不保价投递，就是通过 UDP 协议完成；如果选择保价投递，就相当于通过更可靠的 TCP 协议完成。运输需要通过交通工具，如飞机、高铁、汽车等，在网络中是由光纤、双绞线等传输介质充当"交通工具"。

1．工作原理

TCP/IP 协议采用分组交换方式进行工作，就是在传输数据时，把数据分成若干段进行处理，每段数据是一个 TCP/IP 的基本单位，即一个数据包。通过两个协议的联合使用，完成以下工作。

（1）首先 TCP 协议把数据分成若干段，给每个数据段打上标签，用于接收端接收数据后，把数据还原成原来的格式。

（2）IP 协议会在每个数据段加上发送端和接收端的 IP 地址相关信息，加上 IP 相关信息的数据在网络上进行传输时，通过利用 IP 协议的路由算法选择合适的路径发送数据。

（3）由于每个数据包的路由算法选择的路径不同，在网络传输的过程中，可能会出现数据的丢失、数据的重复发送等现象，接收端的 TCP 协议对发送过来的数据进行检查与错误处理，把丢失的或者错误的数据包标签发送给发送端，让其再次发送相关的数据包，最终达到数据完整。简单来说，IP 协议负责数据传输，而 TCP 协议负责数据的可靠传输。

数据封装与解封如图 2-9 所示。

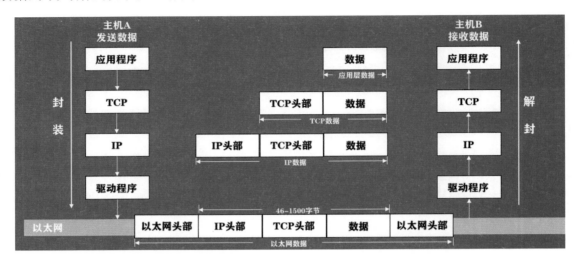

图 2-9　数据封装与解封

2．IP 地址的作用

通过 IP 地址规划和子网划分后的联网主机，可实现内部网络访问控制及外部互联网的访问。简单来说，用户可以通过 IP 地址实现互联网上的资源访问。IP 地址实现了主机与网络的互联，保证了数据准确发送与接收。另外，通过 DNS（域名系统解析）能合理规避 IP 地址的难记问题，轻松实现访问所需的互联网资源。

 说一说

互联网给你的生活带来哪些便利？

任务 2　配置网络

正确、合理规划的网络配置，可以提高主机在网络中的连接质量，保障主机联网访问网络资源的稳定。配置网络思维导图如图 2-10 所示。

图 2-10　配置网络思维导图

◆　**任务情景**

经过一个月的实习，小华了解了网络技术的发展史，了解了网络体系结构及 TCP/IP 等相关理论知识。这天早上，实习老师告诉小华：从今天起，将参与到实际项目的实习中。

小华非常高兴，跟着实习老师来到一个项目组的现场，眼前的一切让小华大开眼界。几个工程师丈量着网线，用网线钳制作着网线头，还有工程师拿一台设备在测试网线，并说："这根不通，重新做。"实习老师把小华带到一位"大牛"工程师面前，只见他正在向主机输入一些陌生的字符，主机在自行检测着什么。小华觉得太有趣了！

◆　**任务分析**

小华向这位工程师请教网络配置。工程师说："是局域网的网络体系结构给了我们区分网络设备的基础，让我们清楚知道不同网络设备的特点和功能；网线制作的好坏，直接决定着主机的联网质量；对网络的正确配置，是实现主机访问互联网的基础；组建网络过程中的故障排查，能确保所有主机的健康运行。"工程师一席话让小华明白，要想配置好网络，需要了解网络设备的类型和功能，动手实践连接和设置网络，掌握网络故障的排查方法。

2.2.1　认识网络设备

设备、网线和做好的网线头，是实现主机连接局域网的基础，也是进行主机上数据传输和资料共享的纽带。

局域网技术已经成为最广泛应用的一种网络技术，随着网络的普及和计算机通信技术的发展，人们对网络的需求、数据传输速率都有提升，促使局域网技术快速发展。其中，以太网作为最流行的局域网结构，进入千家万户，现在已基本形成光纤到小区，千兆网络到家庭的网络局面。

组建一个局域网，需要多个不同类型的设备，计算机是一个必要的设备。假如组建较复杂的局域网，还需要有服务器、交换机、路由器等设备，通过传输介质互连起来，借助网卡把数据发送出去，运用局域网的网络操作系统来完成网络控制和通信管理。

1. 网线

组成局域网的硬件包括传输介质和通信节点，传输介质分为双绞线、同轴电缆及光纤等，在实际局域网组建中，同轴电缆与光纤主要用于连接主干网络，主机的连接则通常采用双绞线。双绞线作为以太网最基本的传输介质，在一定程度上决定了整个网络的性能。如果双绞线本身的质量有问题，传输速率就会受到限制，整个网络就会出现瓶颈，因此对双绞线的选择极为重要。按照屏蔽信号能力的强弱，双绞线分为屏蔽双绞线和非屏蔽双绞线。如图 2-11 所示。

（a）非屏蔽双绞线　　　　　　　　（b）屏蔽双绞线

图 2-11　双绞线

无论是哪种双绞线，都要制作网线接头，确保计算机能正确连接到网络上。其中，非屏蔽双绞线有两个标准：568A 和 568B。在具体的网络使用中，可以根据需要选择一种线序进行网线接头制作。两个标准的线序见表 2-14。

表 2-14　非屏蔽双绞线线序标准对比

类　　别	线　　序
568A	白绿—1，绿—2，白橙—3，蓝—4，白蓝—5，橙—6，白棕—7，棕—8
568B	白橙—1，橙—2，白绿—3，蓝—4，白蓝—5，绿—6，白棕—7，棕—8

2. 网卡

网卡也称为网络适配器，通过无线或有线连接，可实现主机的网络互连。它作为局域网中最重要的网络硬件，负责接收和发送数据。

网卡的种类很多，无论是台式主机还是笔记本电脑都采用集成的有线或无线以太网卡，因此，网络连接更加方便。

按照其传输速率进行分类，网卡可以分为：10Mbit/s、100Mbit/s 和 1Gbit/s 的网卡。目前常用的是 100Mbit/s 和 1Gbit/s 速率的网卡。

3. 交换机

交换机作为 OSI 参考模型的第二层（数据链路层）设备，依靠 MAC 地址进行数据转发和交换。在计算机网络中，交换机可以把数据发送到符合要求的路由上，智能地分析数据包，有选择地通过相应端口发送数据，使得每个端口能独享一定的带宽，从而连接到一个局域网或者服务器上，把多个分散的局域网连接成一个庞大的网络。交换机的功能见表 2-15，根据工作位置，交换机分为广域网交换机和局域网交换机，见表 2-16。

表 2-15　交换机的功能

功　能	功 能 说 明
物理编址	定义了设备在第二层的编址方式
地址学习	建立源物理地址表，实现物理地址与对应端口的联系
数据帧的过滤和转发	通过对端口建立物理地址表，对传输过程中的数据进行有效的过滤和转发
差错检测	防止数据传输过程中发生错误，并对发生错误的上层协议给予警告
流量控制	当流量过大时，及时控制流量，延缓数据传输速度，使数据能正常传输到目的地

表 2-16　交换机的分类

类　别	适 应 范 围
广域网交换机	用于电信领域，提供广域网之间数据通信的基础平台
局域网交换机	应用于局域网络中，用于连接各种网络设备（网卡、路由器等）

4. 路由器

局域网中的计算机通过交换机设备可以实现内部网络的互联互通，但要想实现互联网访问，还需要增加路由器设备。路由器设备作为工作于局域网的网络层设备，主要负责网络的路由控制和路径选择，从多条网络路径中寻找一条最优路径进行数据的转发。路由器的功能见表 2-17，路由器的分类见表 2-18，无线路由器的实物图如图 2-12 所示。

表 2-17　路由器的功能

功　能	功 能 说 明
联接逻辑上独立的网络	可以联接不同种类、不同速度、不同传输介质的网络，对它们传输数据进行必要的数据转换，同时也管理它们之间的通信
支持多种路由协议	从路由协议里获取网络信息，从而构造含有路由个数和下一跳路由地址的路由表
建立访问控制表	为了提高访问网络的安全，对基于网络地址的计算机进行统一管理
流量控制	能有效控制拥塞，避免因拥塞造成的网络性能的下降

表 2-18　路由器的分类

分 类 标 准	类　别
路由表	静态路由器、动态路由器
路由协议	单协议路由器、多协议路由器
有无线缆	有线路由器、无线路由器

图 2-12　无线路由器的实物图

 说一说

你所知道的国产主流网络设备有哪些？

2.2.2 学习网络连接的方法

几位工程师把做好的网线一头连接到计算机，另一头连接到网络设备。正确的网线制作和连接方法是主机互连的基础，也是人们能进行信息传递、信息查询、业务来往的基本保障。

随着互联网技术的发展，局域网接入互联网已经成为家庭、企业、政府等的必需。计算机连接到局域网，再连接访问互联网，如图 2-13 所示。

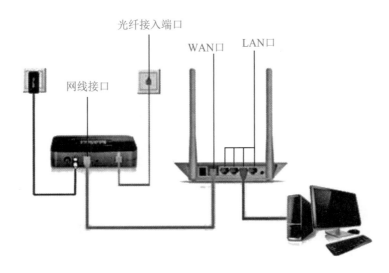

图 2-13　家庭网络示意图

如图 2-13 所示的组网需要准备网卡、网线、无线路由器、主机等网络设备，然后将主机与无线路由器连接起来，实现内部网络互通，之后无线路由器连接到光纤收发器，实现互联网访问。

1．主机—路由器

在主机与路由器连接时，把准备好的双绞线分别连接到主机的网卡和路由器的 LAN 口上，如图 2-14 所示，检查两端的接口是否连接正确，通过观察闪烁灯来进行判断。如果显示绿灯，则连接成功，否则存在问题，要进一步排查其原因。

2．路由器—互联网

把主机与路由器连接好后，要实现与外界的网络联系，需要通过 WAN 口把路由器与外网连接起来。同时设置好路由器的相关参数，才能使局域网中的设备访问互联网。

通过上述网络设备的连接，可以了解连接网络设备的顺序。至于如何有效设置网络及在设置过程中需要注意哪些事项，还需要进一步学习网络设置。

说一说

使用无线路由给我们带来哪些便利？

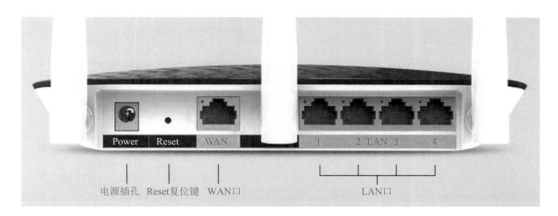

图 2-14　路由器接口

2.2.3　学习网络设置与排除网络故障的方法

工程师在主机上输入一些指令后，主机实现自行检测，正是对网络组建过程中网络设备的设置和网络连接后出现故障的排查行为。在局域网中，人们会经常遇到主机上不了网、系统不能登录等问题，如果在组建局域网时进行网络设置的复核和潜在隐患的排除，就能实现系统的稳定和互联网访问的流畅。

1．网络的基本设置

网络的设置包括主机的网络设置和路由器的设置等。

◆　**操作步骤**

（1）主机的网络设置。

当把主机通过网线连接到交换机（或者路由器）后，需对网卡做设置才能实现主机之间的互访，下面以 Windows 10 系统的网卡为例。

打开"网络和 Internet"设置，如图 2-15 所示，单击左侧的"以太网"选项，再单击右侧的"更改适配器选项"链接，弹出如图 2-16 所示的窗口。

在图 2-16 所示的"网络连接"窗口中双击选择已经连接的网络连接图标，在弹出的"以太网 属性"对话框中即可看到要设置的详细属性，如图 2-17 所示。单击"Internet 协议版本 4（TCP/IPv4）"项目，再单击"属性"按钮，在弹出的"Internet 协议版本 4（TCP/IPv4）属性"对话框中即可设置本机的 IP 地址等信息，如图 2-18 所示。

图 2-15　"以太网"设置窗口　　　　　　图 2-16　"网络连接"窗口

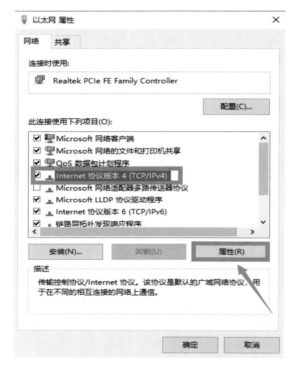

图 2-17　"以太网 属性"对话框

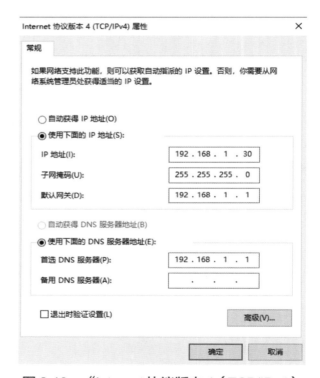

图 2-18　"Internet 协议版本 4（TCP/IPv4）属性"对话框

　　在以上的 IPv4 信息的设置中，需要先知道路由器的网段信息，才能设置相应的 IP 地址及子网掩码。

　　（2）路由器的设置。

　　登录路由器的 Web 管理页面后，可以看到路由器的设置，主要包括三个方面：WAN 口设置、LAN 口设置及无线网络设置等内容。

① WAN 口设置。

在 WAN 口设置里，主要把运营商提供的 IP 信息设置到相应的内容中，如图 2-19 所示。

② LAN 口设置。

LAN 口设置比较灵活，根据指定的内网 IP 段，给主机分配相对应的 IP 地址，如图 2-20 所示。

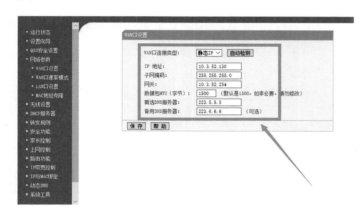

图 2-19　WAN 口设置界面 　　　　　　　　　　　图 2-20　LAN 口设置界面

③ 无线网络设置。

现在常见的家用路由器是集路由、交换、WiFi 功能于一体的设备，因此对路由器的设置也包括了无线网络设置。无线网络设置包括基本设置和安全设置两个方面。基本设置主要设置无线网络的 SSID 号、信道、模式、频段带宽等，如图 2-21 所示。而安全设置主要针对无线访问的加密方式、连接安全等进行设置，如图 2-22 所示。

图 2-21　无线网络基本设置界面 　　　　　　　　图 2-22　无线网络安全设置界面

2. 故障排除

网络设备连接完毕，主机就可以通过路由器设备进行上网。在实际网络组建过程中，在进行网络硬件和软件的安装时，可能会遇到各种问题导致网络无法连通。要解决这些网络问题，需要具备丰富的软硬件知识。局域网的组网并不复杂，但很多时候局域网的故障让我们无从下手。因此，测试和排除网络故障是解决问题的关键。从故障类型来分，局域网故障主要分为硬件故障和软件故障两种，其中硬件故障较难诊断和解决。表 2-19 为硬件故障类型，表 2-20 为软件故障类型。

表 2-19 硬件故障类型

故障类型	故障说明
设备故障	网络设备本身出现问题。如网线铜片没有压紧、松动，造成网线不通。在一般硬件故障中，网线问题占很大一部分。另外，网卡、交换机、路由器的接口，甚至主板插槽都有可能损坏造成网络不通
设备冲突	设备冲突是计算机无法上网的难题之一。计算机系统中可能存在资源占用，如中断请求、I/O 地址等，其中网卡最容易与显卡、声卡等设备产生资源占用冲突，导致系统无法工作。一般情况下，先安装显卡、网卡，再安装其他设备，发生设备冲突的可能性会小一些
设备驱动问题	严格来说，属于软件问题。由于它与硬件最密切，所以归结为硬件问题。主要的驱动问题是出现不兼容的情况，如驱动程序与操作系统、驱动程序与 BIOS 的不兼容

表 2-20 软件故障类型

故障类型	故障说明
协议配置问题	协议作为计算机之间的语言，如果没有绑定正确的协议，或者协议的具体设置不正确，如 TCP/IP 协议中的 IP 地址设置不正确，将会导致网络出现故障
服务安装问题	在局域网中某些系统还需要安装重要的服务，如系统中的共享和打印服务
其他故障	网络应用中的故障，如网络通信拥塞、广播风暴等，不容易解决

知道了造成局域网故障的主要因素后，用户无法正常连接局域网或无法访问局域网资源时，该如何找到网络问题呢？可以按照网络故障排除方法进行排查，见表 2-21。

表 2-21 网络故障的排查

故障点	说明
网络电缆问题	开机状态下观察网卡指示灯颜色，黄色表示连接正常，绿色表示主板已供电并正处于待机状态
本机驱动问题	不能上网一般都是由本机故障引起的，确定是否为本机问题的简单办法是询问网管是否有类似的故障发生
网卡故障或 IP 参数配置不当	查看网卡指示灯和系统设备表中网卡的状态，使用 ping 或 ipconfig 命令来查看和测试 IP 参数配置是否正确
软件配置诊断故障	检查系统安全设置与应用程序之间是否存在冲突，检查应用程序与其他程序是否存在冲突
安全问题故障	感染病毒、黑客入侵、安全漏洞等

 说一说

结合网络故障的排除方法，谈一谈对"熟能生巧"的理解。

任务 3　获取网络资源

信息高速发展的时代，互联网技术给我们带来了巨大改变。网络作为一把"双刃剑"，给我们提供便利的同时也带来诸多困扰。如何利用好网络资源，进行有效的学习，是值得深思的问题。获取网络资源思维导图如图 2-23 所示。

图 2-23　获取网络资源思维导图

◆　任务情景

通过两个月的项目实习，小华掌握了局域网配置的相关技术，但他觉得还不够，想学习更多网络应用知识。小华向实习老师表达了自己的愿望。实习老师说当年自己通过网络途径，自学了很多网络技术，提供了一些在线学习资源给小华。

小华马上行动。在阅览室，他查阅了公司资料；在"腾讯课堂"中，他搜索到组建局域网的华视频，有的免费，有的收费；在"百度文库"中，他找到很多网络技术的资料；通过"百度搜索"，他获取更多有关网络技术的信息。信息量较大，但小华不知道该选择哪个资源。

◆　任务分析

小华找到实习老师，说出自己获取在线网络资源的困惑，并请求老师解答。

实习老师说：网络上的资源有很多，免费版资源能实现快速入门，收费版资源可以提升技能，通过搜索引擎查询出的资料，质量参差不齐，优劣难辨。有时选择了错误的文档链接，还有可能造成安全隐患。为此需要掌握鉴别信息质量的技巧，比如在"百度文库"中可以通过查看点击率确定文档浏览次数，判断文档质量。

听了实习老师的解答，小华恍然大悟：要想获取优良网络资源，需要学会识别网络资源的类型，根据实际需要有针对性地获取，还要区分网络资源的版权，合理合法使用网络信息资源。对搜索到的不良网络资源，坚决做到不好奇、不点击。

2.3.1　学习识别资源类型和获取资源的方法

实习老师给小华提供了在线学习资源，小华分别在"腾讯课堂""百度文库"及公司阅览室这些在线学习资源上获得了不同类型的学习资料。无论这些网络信息资源是免费的，还是收费的，它都是以数字化形式记录的，以多媒体形式表达的，存储在网络存储介质上，通过计算机网络通信方式进行信息传递内容的集合。

网络资源多种多样，会围绕信息和知识形成一个庞大的资源群。其中，一部分称为软性资源，主要是各种服务类，包括信息服务、信息增值服务、各种网站提供的内容服务；一部分称为硬性资源，主要是依附于信息的采集、传递、应用而延伸出来的一些网络硬件设备的生产、应用与维护资源；还有一部分，则是与网络服务密切相关的外围产业，包括物流配送服务、金融服务、认证服务等。网络资源的类型见表 2-22。

表 2-22　网络资源的类型

资 源 类 型	资 源 说 明
资源行业归属	教育类、商业类、政府类、军事类
网络资源获取方式	免费类、收费类
信息呈现形式	Web 网站类、点播类、博客类
网页信息产生方式	静态网页、动态网页
网站功能	门户类、搜索引擎类、论坛类、资源下载类、个人网站
使用技术	Web 类、FTP 类、电子邮件类、BBS 类、P2P 类

从这些类型中可以看出网络资源与传统信息资源对比时，网络资源在数量、结构、分布和传播范围、载体形态、内涵传递手段等方面都显示出新的特征。

1. 存储数字化，传输网络化

信息资源由纸制文字变成磁介质上的电磁信号或者光介质上的光信息，存储的信息密度高、容量大。以数字化形式存在的信息，可以通过互联网进行远距离传送。传统的信息存储载体变为纸张、磁盘等，进入网络时代，信息的存在以网络为载体，增强了网络信息资源的利用与共享。

2. 表现形式多样化，内容丰富

网络信息资源包罗万象，覆盖了不同学科、不同领域、不同地域、不同语言的信息资源，以文本、图像、音视频、数据库等多种形式存在，信息组织的非线性化、超文本、超媒体信息资源成为主要方式。

3. 数量巨大，增长迅速

中国互联网络信息中心（CNNIC）于 2022 年 8 月发布了第 50 次《中国互联网络发展状况统计报告》，该报告从多角度、全方位，综合反映我国互联网发展总体情况。报告数据显示，截至 2022 年 6 月，我国网民规模为 10.51 亿，互联网普及率达 74.4%；即时通信用户规模达 10.27 亿，较 2021 年 12 月增长 2042 万，占网民整体的 97.7%；网络新闻用户规模达 7.88 亿，较 2021 年 12 月增长 1698 万，占网民整体的 75.0%；网络直播用户规模达 7.16 亿，较 2021 年 12 月增长 1290 万，占网民整体的 68.1%；短视频用户规模为 9.62 亿，较 2021 年 12 月增长 2805 万，占网民整体的 91.5%。网络信息量之大、增长速度之快、传播范围之广，是其他任何环境下的信息资源无法比拟的。

4．传播速度快、范围广，具有交互性

网络环境下，信息的传递和反馈快速、灵敏。信息在网络中的流动非常迅速，电子流取代纸张，加上无线电技术和卫星通信技术的充分运用，上传到网上的任何信息资源，都只需要短短数秒就能传递到世界各地的每一个角落。由于信息源的增多，信息资源发布的自由，网络信息量呈爆炸性增长。随着网络的普及，其传播范围将越来越广。

与传统的媒介相比，网络信息传播具有交互性、主动性和参与性，人们主动到网上查找所需的信息，网络信息的流动是双向互动的。

5．结构复杂，分布广泛

网络信息资源本身的组织管理没有统一的标准和规范，信息广泛分布在不同国家、不同区域、不同地点的服务器上，不同服务器采用不同的操作系统、数据结构、字符集和处理方式，缺乏集中统一的管理机制。

6．信息源复杂、无序

网络的共享性与开放性使得几乎人人都可以在互联网上获取和存放信息。由于暂时没有完备的质量控制和管理机制，这些信息没有经过严格编辑和整理，各种无用的信息大量充斥在网络上，形成一个纷繁复杂的信息世界。

网络信息被存放在网络计算机上，由于缺乏统一的控制，质量参差不齐，信息资源分散无序。

7．动态不稳定性

Internet 信息地址、链接和内容处于经常变化之中，信息源状态的无序性和不稳定性使得信息的更迭、消亡无法预测，这些都给选择、利用网络信息的用户带来了障碍。

随着网络信息技术的发展，网络信息资源的规范性也逐步形成。从网络上获取的资源既有免费资源也有收费资源，需要高效地找到自己需要的资源。

（1）根据自身对资源问题的理解，选择合适的搜索引擎进行资料的搜索。

（2）通过网络地址寻找信息资源。当我们需要了解某一具体信息时，一般官方都会公布其具体内容，找到官方网址，从官方网站去找所需的信息资源。

（3）主题指南。将网络信息利用分类的方法组织树状结构，根据主题类目和子类目逐层寻

找所需的信息。

（4）网络导航。通过一些技术手段，为网站访问者提供便捷的访问途径。

（5）网络资源链接、超链接，当检索到某信息资源时，可以顺链找到许多有关的信息。

（6）网络数据库，如知网、万方数据库、EI、SCI，在其上可以查找到专业的论文等资料。

（7）专业网站、博客等。根据专业网站或技术"大牛"的博客，寻找自己所需要的资料。

 说一说

获取优质网络学习资源的重要性。

2.3.2 学习使用网络信息资源

小华在"百度文库""百度搜索"查询到很多相关的网络技术资料，但很难判断这些资料的好坏及可能存在的安全问题。此时，小华可以采用合理方法并有针对性地搜索所需网络资源，对搜索到的不良网络资源坚决不点击、不查看。

在信息时代，年轻人几乎没有不会上网的，然而网络世界里充斥着五花八门的信息。作为当代学生，互联网技术给我们带来了巨大的变化。网络作为一把"双刃剑"，给我们提供便利的同时又充满了未知的危害。如何利用好网络资源进行有效的学习并从中受益，是值得我们思考的问题。

作为当代学生，我们应具有以下几个方面的素质。

（1）访问合法运营的网络信息平台，如百度、万方论文查询系统等。

（2）培养正确使用网络的意识，在使用网络资源时，当网络上出现不合法的信息时，要及时绕开，不可因好奇，继续浏览下去。

（3）在网络上学习，应该有目的而来，有的放矢地去找寻自己所需的网络资源。

（4）在使用网络资源时，要对信息的安全进行分析和判断，有时找寻的大量资料是不可用的网络资源，要合理有效地辨识这些网络信息，尽可能到官方网站或专业网站寻找网络资源。

（5）能够区分网络开放资源、免费资源和收费资源给我们带来的不同用处，访问不同权限的资源时，要通过合法的方式去登录获取。

（6）要树立对知识产权的保护意识，不随意分享具有知识产权的信息资源。

 说一说

如何辨识并自觉抵制不良网络信息？

任务 4　网络交流与信息发布

随着互联网技术的发展，网络交流的形式变得多种多样，相对于传统面对面的交流沟通，网络沟通缩短了人与人之间的距离，节约了沟通时间。在移动互联网络时代，高效的网络沟通，有利于提高工作、学习、生活的沟通效率。通过各种网络交流方式及各种网络工具的应用，可达到有效沟通和交流。网络交流与信息发布思维导图如图 2-24 所示。

会编辑、加工和发布网络信息　　　　　　　　　　　学会网络通信
树立正确的网络文化导向　　网络交流与信息发布　进行网络信息传送
　　　　　　　　　　　　　　　　　　　　　　　进行网络远程操作

图 2-24　网络交流与信息发布思维导图

◆　任务情景

小华实习期间出色的表现，得到实习老师的认可。为了拓展小华的业务知识，实习老师要求小华去参与企划部门的文案起草，小华非常不解，心想："为什么要去企划部？我是来学习技术的。"

来到企划部，小华看到有的员工在发电子邮件，有的员工在远程协作解决问题，还有员工在制作企划书并把内容发布到公司信息平台，效率非常高。一会儿工夫，就收到几个项目的相关人员反馈情况，这时，小华才明白实习老师的良苦用心。

◆　任务分析

小华趁着休息时间，去找实习老师，汇报看到的企划部内外部交流方式。

实习老师说：网络通信技术正在悄悄地改变着我们的生活和工作方式，通过电子邮件发送项目相关资料或事宜，可以追溯项目始末；使用远程协作解决客户项目问题，缩短去现场解决问题的时间；制作的企划书发布到公司信息平台，使有权限的员工及时查看项目信息，节约项目组内沟通的成本。

小华顿时明白了，企划部就是公司网络交流和信息发布的部门，要想快速推动项目进度，需要了解网络通信、网络信息传送的方法，了解网络远程操作技能，还要学会编辑、加工和发布信息，同时也需要树立正确的网络文化导向。

2.4.1　学习网络通信与网络传送的方法

员工通过电子邮件，追溯项目的始末。在互联网时代，这种网络传送方式极大地改变了人们学习、工作的方式，各种新的网络通信方式也在不断涌现。

1．电子邮件

电子邮件（E-mail）是一种用电子手段提供信息交换的通信方式，它是网络应用最广泛的服务之一。通过网络上的电子邮件系统，我们可以不用花费邮票，以非常快速的方式与世界各

图 2-25　126 邮箱

地的用户进行联系。电子邮件可以是文字、图像、声音等内容，当我们获取到电子邮件时，可以轻松实现信息传递。

正是由于电子邮件使用简易、投递迅速、易于保存，使得电子邮件被广泛地应用，它使人们的网络通信方式得到极大改变。另外，电子邮件系统还可以一次发送给多人，方便传送信息，满足了多人通信的需求。如图 2-25 所示为 126 邮箱的网页版。

2．网络电话

网络电话即 IP 电话，该系统运用独特的编程技术，具有强大的寻址功能，穿透一切私网和层层防火墙，无论你在局域网还是正在使用移动设备，不管你身处何地，均可以打网络电话，实现自由交流。随着通信技术的进步，已经实现多种网络电话形式与固话的通信。比如，钉钉电话、微信语音等。此外，固定电话或移动电话也可以与计算机、平板电脑相连接，实现多终端接听，实现真正意义上的网络互通，语音互通。

3．网络传真

网络传真是基于传统电话交换网与软交换技术融合的存储转发技术，通过互联网将文件传送到传真服务器上，由服务器转换成传真机接收的通用图形格式后，再通过电话交换网发送到其他传真机上。这种网络发送传真的形式，极大提升了传真发送的速度，并避免因设施的问题而无法接收到传真。

4．网络新闻发布

网络新闻的发布突破了传统的新闻传播概念，在视听感受等方面给受众全新的体验。它

将无序化的新闻进行有序整合，并且大大压缩了信息的传播时间，让人们在最短的时间内获取有效的新闻信息。网络新闻的发布能节约大量的纸张，便于电子媒体的信号传输及声音图像的采集。

5．即时通信

即时通信能够即时发送和接收互联网消息。经过几十年的发展，即时通信的功能越来越丰富，集成了电子邮件、博客、微博、音乐、游戏等多种功能。即时通信不再是一个单纯的聊天工具，它已经变成了集交流、娱乐、电子商务、办公协作于一体的综合化信息平台。随着移动互联网的发展，网络通信的方式也发生了较大变化，智能移动终端的出现促进了各种形式移动交流的产生，如移动可视化电话、体验虚拟现实、网上购物、网上点餐、看视频等。这些形式的网络通信技术，提高了人们之间的沟通效率，具体优点见表 2-23。

表 2-23　即时通信的优点

优　　　点	
大大降低沟通成本	使语音沟通立体直观
极大缩小信息存储空间	使工作更便利
跨平台，容易集成	生活方式更加丰富多彩

说一说

如何遵守网络规范，做网络文明的传播者？

2.4.2　学习网络远程操作方法

员工使用远程协作解决用户项目问题，缩短去现场解决问题的时间，提高解决问题的效率。网络远程协作，从技术上说，就是网络远程控制，作为 C/S 架构的远程操作应用程序，利用无线或电信号对远端的设备通过网络进行操作，访问远端的资源或控制远端的系统，达到本地计算机与远端资源的互联。这种远程访问技术可以应用于网络的自动化管理、实时监控和计算机教学等方面。

要进行远程操作，首先需要把使用的智能设备连接到网络中，某些软件也可直接使用电缆，利用主机的 COM 端口进行远程控制。其次，还要保证双方使用相同的协议，多数情况下远程操作软件使用 TCP/IP 协议实现互通。

远程操作有非常广泛的应用，如远程培训与教学、远程办公、对计算机及网络的远程管理与维护、远程监控等。

1．远程培训与教学

远程操作可用于对远程的用户进行培训，通过远程控制技术操作对方的计算机，向对方进行操作演示，这样可以节省培训费用并提高培训的效率。同样，这样的远程控制技术大量使用在教学网络中，其中多媒体网络就是远程控制技术与多媒体技术结合的产物。

2. 远程办公

远程操作可以让我们无论身处何地，都能连接到自己的工作主机，使用其中的数据和应用程序，访问网络资源、使用主机所在内部服务等。同时，这样还可用于与他人相互协作，完成一项共同的工作。

3. 远程管理与维护

对于计算机行业的售后服务人员来说，通过远程控制可以为客户提供软件升级、维护、故障排除等服务，无疑解决了大量的时间。

对于网络管理员来说，远程控制可用来管理、维护公司网络中的服务器和主机，大大提高工作效率。

4. 远程监控

公司管理层可以通过远程控制软件来查看员工的工作状态，以保证员工能够在工作时间投入所有精力完成工作，避免上班期间聊天、上网等现象。甚至还可以通过记录员工的键盘操作，来防止商业和技术机密被泄露。

作为孩子的家长，可以通过远程控制对孩子的计算机进行监控，防止孩子无节制玩游戏或接触不良信息。

远程操作虽然可以方便操纵远端的主机，实现其管理，但它也可能给主机带来安全隐患。一旦有人知道了被控制主机的 IP 地址和访问密码，同样可以通过网络上的其他主机发出控制指令。这样，被控主机的所有资源将处于不安全状态，有可能导致非常严重的后果。

因此，远程控制软件必须拥有一套严密的安全审核机制，通过密码等验证手段来判断发送过来的控制信号是否合法，否则予以拒绝。下面将通过例子，展示如何进行远程协助。

（1）利用 Windows 10 系统自带的远程桌面连接功能，如图 2-26 所示。这是一个主动连接过程。

被连接端提前开启远程控制的选项与授权允许访问的用户名。具体操作如下。

● 打开远程协助功能。

● 打开计算机系统属性设置，打开"远程"选项卡。

图 2-26　"远程桌面连接"对话框

- 在"远程协助"选项卡中选择"允许远程协助连接这台计算机"选项，如图 2-27 所示。
- 在"远程桌面"选项卡中选择"允许远程连接到此计算机"选项。

（2）单击"选择用户"选项，从弹出的"远程桌面用户"对话框中的用户列表里选择需要授权的用户名，如图 2-28 所示。

图 2-27　"远程"选项卡

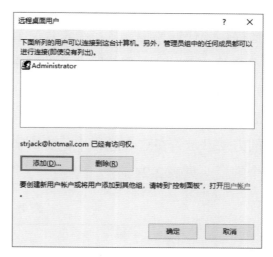

图 2-28　"远程桌面用户"对话框

（3）连接端使用系统自带桌面连接功能连接远程计算机。打开远程桌面连接功能输入连接的计算机地址，如图 2-29 所示。

（4）输入远程连接的计算机的用户名、密码，单击"确定"按钮。

（5）连接成功，如图 2-30 所示。

输入计算机密码，即可登录到远程计算机进行操作。此外，还可以利用 QQ、VNC、Team View 等工具进行远程协助。

图 2-29　"远程桌面连接"窗口

图 2-30　远程桌面连接成功

说一说

网络远程操作带来哪些便利？

2.4.3 学习制作和发布网络信息

员工制作企划书发布到公司信息平台，使有权限的员工及时查看项目信息，节约项目组内沟通的成本。这种信息平台的使用，给人们的工作提供了便利，尤其是互联网的发展，更是为信息传播提供了快速通道。从系统整体来看，网络信息系统不仅属于一个技术系统，更是一个社会技术系统。作为这一系统所涉及的网络信息的收集、加工、处理与发布过程，涵盖了许多学科的知识。

信息本身是以文字、图片、图表、动画、音视频形式存在的，各种形式的网络信息需要通过一定的方法获取。在这个过程中，要特别注意信息获取的渠道及信息来源的可靠性。信息分类的几个维度，见表 2-24。

表 2-24　信息分类

类　　别	信 息 内 容
传播渠道	电子邮件、网络云盘、Web 站点、微博、微信等
信息用途	新闻类、学术类、服务类、教育类

通过各种渠道传播的信息，本身就具有一定的灵活性。在信息收集的过程中，还需注重信息的真实性与时效性，这种真实性是指信息中涉及的事物是客观存在的，构成信息的各个要素都是真实的；时效性是指获取到的信息要有效、不过时。同时还应注重信息来源的权威性和实用性。与此同时，树立对信息知识产品的保护，尊重原作者的知识共享方式也很重要。

1．制作网络信息

信息加工（Information Processing，信息处理），是对信息的接收、存储、操作、运算和传送，或对存储在信息加工系统中的各种符号结构的操作和处理。按信息加工过程中每个阶段上进行的多个处理间的时序关系，可分串行加工和并行加工两种基本方式。

制作网络信息，是对信息加工的具体操作，包括多种技术的实现方式，见表 2-25。

表 2-25　制作网络信息实现技术

实 现 技 术	技 术 说 明	文 件 格 式
图形图像处理技术	用计算机对图像信息进行处理的技术。主要包括图像数字化、图像增强和复原、图像数据编码、图像分割和图像识别	BMP、GIF、JPG、TIF、PNG 等
音视频处理技术	声音是人们用来传递信息的最方便、最直接的方式之一，也是多媒体的重要组成部分。在多媒体系统中声音是不可缺少的，因为声音会使视频图像更具有真实性，使静态图像变得更加丰富多彩	音频：WAV、MP3、MIDI、RealAudio 视频：AVI、MOV、ASF、MP4

续表

实 现 技 术	技 术 说 明	文 件 格 式
流媒体技术	可实现流式传输，将声音、影像或动画经服务器向用户计算机进行连续、不间断地传送，不必等整个文件全部下载完，只需经过几秒或十几秒的启动延时即可进行观看	ASF、RealMedia、QuickTime
动画制作技术	可以分为二维动画制作、三维动画制作和定格动画制作。二维动画和三维动画是运用比较广泛的动画形式。动画制作应用不仅是动画片制作，还包括影视后期、广告等方面	Flash 等

2. 发布网络信息

网络信息的发布，离不开网络信息发布系统。网络信息发布系统，由服务器、网络等组成，将服务器上的信息通过网络技术发送给中间处理系统，再由中间处理系统组合音视频、图片、文字等信息，传送给终端用户，最终形成用户所看到的网页、音视频文件及其他电子文本材料。

运用互联网技术进行信息的发布和共享，可将各个系统的信息显示在简单明了且用户容易操作的界面上。用户不需要特别培训就可以使用这些信息平台。无论在教室、家中或出差在外，用户都可以通过信息平台找到所需要的信息。互联网信息平台可以将散布在网络上的信息迅速展示在用户面前，不仅将不同系统的数据简单地摆放在同一平台上，而且还可以通过上下层关系表现数据，以及使用页面递进显示的方式表现数据，从而揭示这些数据之间暗含的内在联系。通过内在配置方法进行的内在联系，便于用户的使用。

网络信息发布平台种类繁杂，而用于日常交流的信息平台大致包括：各种微平台（微信、微博等）、各种团队协助软件（Tower、钉钉等）、各种视频平台（今日头条、抖音等）。

现在人们会把自己的生活或工作情况通过微平台分享给朋友，这种简单的操作分享方式本身就是一种网络信息发布形式。因此，公共的网络信息发布变得越来越简单。例如，在微信朋友圈分享快乐和喜悦的文字、文章；在抖音上，用户通过短视频等形式标记自己的生活点滴。以微信为例，发布朋友圈信息的操作如下。

① 打开浏览器，输入微信的 URL 地址，如图 2-31 所示，选择需要对应的版本进行下载，如 Windows 系统选择 Windows 图标进行下载。

② 下载注册微信，并在移动终端登录，如图 2-32 所示。

③ 添加朋友的微信号（选择"通讯录"→"新的朋友"→"添加朋友"选项），如图 2-33 和图 2-34 所示。

图 2-31　微信主页

图 2-32　登录微信　　　　　　　图 2-33　通讯录中找到"新的朋友"

④ 发布微信朋友圈信息（单击右上角图标，选择合适的照片或者短视频，然后单击"发表"按钮），如图 2-35 所示。

合理有效地使用网络信息发布平台进行信息的发布与制作，坚持正确的网络文化传播导向，是弘扬社会主义核心价值观的基本内涵。

图 2-34　输入微信号或手机号　　　图 2-35　发布朋友圈信息

说一说

在信息发布过程中，应该遵守的法律法规有哪些？

任务 5　运用网络工具

运用网络工具能实现资料共享、数据同步，借助网络工具的协作功能，探索网络对合作学习、共享工作任务带来的乐趣。运用网络工具思维导图如图 2-36 所示。

图 2-36　运用网络工具思维导图

◆ **任务情景**

假期即将结束，小华的实习也要期满了。两个月的实习期间，学习到很多网络技术的理论知识，还掌握了网络连接和配置技能，收获颇多。

小华很快融入新的校园生活中，在专业课程的学习成绩突出，班级里的同学都找他请教。小华使用云盘共享了自己这段时间的学习资料，通过提供云盘地址与密码，让其他同学下载使用；在宿舍里，小华通过操作系统的共享功能，与室友共享学习资源；在家里，小华通过网络学习学校的在线网络教育资源，参加老师的在线答疑辅导；使用云协作平台，共享自己开发的项目资料，与同学互动项目的进度等；在购物网站上，购买自己所需的电子设备。

◆ **任务分析**

在互联网时代，网络工具的使用方便了人们的生活、学习和工作，解决了很多原本无法完成的难题。云盘上资料的共享，打破了地域的限制，可以把资料共享给很远的朋友；在线的网络教育，让我们无论何时何地，都可及时获取学习资源进行学习；购物平台，方便人们选购自己想要的物品；使用云协作平台，与其他同学进行互动，共同完成一件事情。

小华明白，想要在信息社会中立足，就必须要具备运用网络工具进行多终端信息资料共享、同步与协作的能力，培养数字化学习的能力。

2.5.1　信息资料的传送、同步与共享

小华使用云盘或操作系统的共享功能，共享自己的学习资料；使用云协作平台，多终端实时合作完成一个文档的编写或开发，正是利用信息网络技术进行传送、同步与共享的活动。

在信息标准化和规范化的基础上，实现将信息资料在互联网中与他人共享，可优化资源配置，节约社会成本，提高信息资源的利用率，创造更多的财富。在互联网中，信息资料的传送、同步与共享，各行各业都有不同的方式，我们作为当代学生合理使用互联网技术、移动技术实现与他人分享各种信息，显得特别重要。

学会合理有效地利用网络工具进行信息资料共享，是新一代年轻人必须要掌握的技能之一。下面通过对多种形式的信息资料共享的操作，了解信息资料共享的特点，掌握信息资料共享的技能。

◆ 操作步骤

1. 利用 Windows 自带的共享功能，进行资源共享

通过 Windows 10 系统自带的共享功能，可以实现信息资料的传送与共享，使处于同一局域网中的用户能够相互共享资料。

① 右击右下角的"网络"图标，打开"网络和共享中心"窗口，单击"更改高级共享设置"选项，如图 2-37 所示。

② 选择"公共"→"启用网络发现"选项；选择"文件和打印机共享"→"启用文件和打印机共享"选项，方便网络用户可以读取或写入共享的文件夹文件，如图 2-38 所示。

图 2-37 "网络和共享中心"窗口

图 2-38 "高级共享设置"窗口

③ 选择需要共享的文件夹 ds，右击，在弹出的快捷菜单中单击"属性"命令，弹出"ds 属性"对话框，如图 2-39 所示。

④ 选择"共享"选项卡，单击"共享"按钮，弹出"网络访问"对话框，如图 2-40 所示，选择要与其共享的用户，单击"添加"按钮。添加用户并设置权限级别后，单击"共享"按钮，完成操作，如图 2-41 所示。

也可以选择"高级共享"，会出现更详细的设置界面。

图 2-39 文件夹共享"ds 属性"对话框

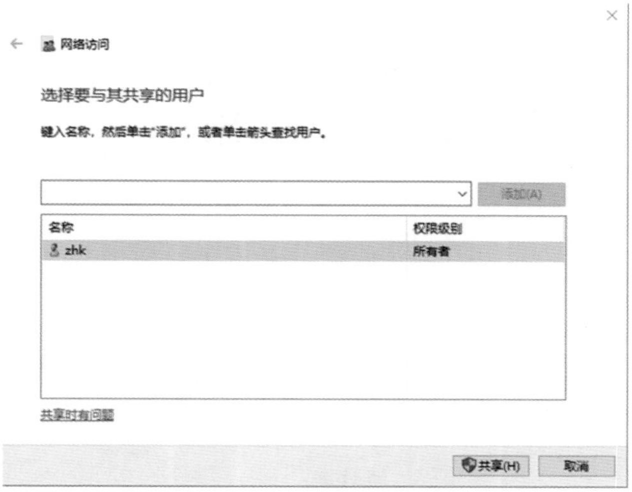

图 2-40 "网络访问"对话框

⑤ 单击"开始"→"运行"菜单命令，输入"共享文件夹路径"，访问共享的文件夹，如图 2-42 所示。

图 2-41 添加共享完成的"网络访问"对话框

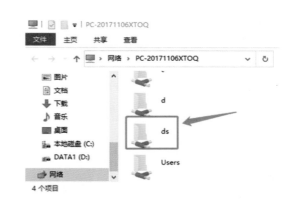

图 2-42 访问共享文件夹

2. 利用云盘进行资源共享

如果想把信息资料共享给互联网中的其他人，在局域网上共享的资料将无法实现互联网中的共享。云盘的出现正是解决该问题的可行方法，云盘的种类很多，以"百度网盘"为例。

① 通过浏览器打开"百度网盘"首页，如图 2-43 所示，可以登录"百度网盘"的 Web 端，也可以下载客户端软件。

② 登录后，可以看到用户的全部文件，如图 2-44 所示。

③ 单击"上传"按钮，选择要上传的文件，即可把文件上传到云端，如图 2-45 所示。

图 2-43　登录"百度网盘"首页

图 2-44　"百度网盘"的全部文件　　　　　图 2-45　上传文件至"百度网盘"

④ 但是如果想共享给别人，需要对文件的访问权限做配置。选中文件后面的分享图标，对文件进行"分享形式"的设置，如图 2-46 所示。

⑤ 创建链接后，会生成一个访问地址，如图 2-47 所示。

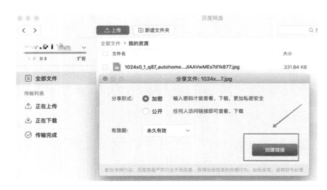

图 2-46　分享网盘文件

图 2-47　查看分享链接及密码

⑥ 对方在浏览器中，输入该链接地址，在弹出的对话框中输入密码，即可访问共享的资源，如图 2-48 所示。

图 2-48　用户访问网盘分享的资源

3．多终端共享与资料同步

上述两种共享方式更加适用于局域网范围内，当针对团队协作共同完成一个文档编写或者一个项目代码开发时功能略显不足。随着共享技术的发展，在出现了一批针对协作办公的共享软件平台，如腾讯在线文档、有道云笔记、石墨文档及码云代码托管平台等。这些专门的共享平台，能提升人们的工作效率和节约时间，加快团队的资源互通性。下面以腾讯在线文档为例，体现多终端共享与资料共享同步的协作功能。

① 无论是计算机端还是移动端都可以轻松获取"腾讯文档"的编写，如果是计算机端，打开浏览器输入腾讯文档官方网址，即可通过 QQ、微信或者企业微信免费使用在线文档编写，如图 2-49 所示；如果是移动端微信，可以通过搜索"腾讯文档"来创建在线文档，如图 2-50 所示；如果是企业微信端，可以通过"工作台"找到"微文档"来创建在线文档，如图 2-51 所示。

图 2-49　计算机端的"腾讯文档"

图 2-50　微信端"腾讯文档"　　　　　　图 2-51　企业微信端"微文档"

② 无论是计算机端还是移动端，创建了在线文档，编辑方法基本没有区别，而且腾讯在线文档支持多种格式，如图 2-52 所示以"学生信息收集表"为例。

图 2-52　腾讯文档—学生信息收集表

③ 在编写文档时，文档权限可控，文档安全有保障，在高级设置中也可对文档设置水印效果，用于该文档的保护，如图 2-53 所示。

④ 权限设置好后，文档即可发布到指定位置，供拥有权限的人查看或者编写。拥有读写权限的人，可以实现多人协作同步编辑文档，如图 2-54 所示。

⑤ 可实现多终端共享和同步，实时对文档进行编写、查看等操作，如图 2-55 所示。

图 2-53　文档权限控制

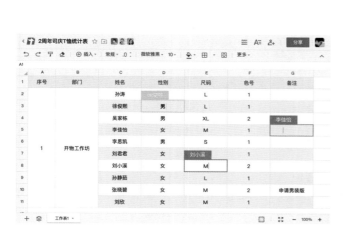

图 2-54　多人协作编辑

图 2-55　多终端共享和同步

说一说

网络信息共享过程中，如何做到尊重知识产权？

2.5.2　学会网络学习

在家里，小华通过网络学习学校的在线网络资源，参加老师的在线答疑辅导，这是通过网络进行的学习活动。

1．网络学习

网络学习是指通过计算机网络进行的学习行为，它主要采用自主学习和协商学习的方式进行。相对传统学习活动而言，网络学习有以下三个特征。

（1）共享丰富的网络化学习资源。

（2）以个体的自主学习和协作学习为主要形式。

（3）突破了传统学习的时空限制。

近年来，网络技术的迅速发展，逐渐渗透到教育的各个领域，为教育社会化和教育信息化提供了强大的技术支持和有力的资源保障。网络学习形式日渐丰富，人们的学习内容和学习方式正在发生巨大变化。

通过网络学习资源的类型分析，可以了解到网络学习的类型。从应用的角度，网络学习资源的类型可分为以下五类，见表2-26。

表2-26　网络学习资源的类型

类　型	说　明
网络课件	基于 B/S 模式开发的能在互联网上发布的专门进行教学活动而设计的 CAI 课件，其本质是一种 Web 应用。通过网页提供教学资料、网上练习及同步模式学习
网络课程	在互联网上的某一门学科的教学内容、教学目标体系及教与学的各种活动的总体规划。它包括以下组成部分：网络课程的计划、目标、学科教学内容，在网络教学平台的教学活动及相应的程序
专题网站	在网络环境下，围绕某门课程与多门课程密切相关的某一项或多项学习专题，进行较为广泛深入研究的资源学习型网站。从这个角度看，专题网站提供的是基于丰富网络资源的学习平台
题库	按照一定的教育测量理论，利用计算机技术实现的某课程试题的集合，是高质量试题的有序存储
多媒体资源库	由文本、图形、图像、音视频、动画等组成的教学信息库，在教育教学活动中有一定的组织结构和检索功能

网络学习资源的多样性，使得我们选择网络学习资源的途径也越加丰富。常用的网络学习途径见表2-27。

表2-27　常用的网络学习途径

途　径	网络资源
网上大学	经国家批准，一些高校开设网络学院，提供教学资源
网校	在网上专门开设的培训类网站，提供有教学资源
网络公开课	各大门户网站提供的学校教师等上传的网上教学视频
其他	学习者自主网络检索获得的学习资源

2. 数字化学习能力

信息技术将信息进行数字化的处理应用在教育领域，在这其中，人们能感受到的是数字化的环境、资源和方式。因此，在数字化环境中，利用数字化资源进行学习的方式都属于数字化学习范畴，需要学习者具有数字化学习能力。

关于数字化学习能力，主要由三个要素构成：对数字化学习环境的适应与管理能力、对数字化学习资源的获取与利用能力、对数字化学习方式的运用能力。

（1）对数字化学习环境的适应与管理能力。

　　数字化学习环境与传统学习环境相比，发生了革命性的改变，有计算机、网络等设施；有文本、图像、音视频等资源；有各种支持网络教与学活动的软件；有多种通信工具为教师和学生提供交流的平台；还有辅助学习者学习的各种学习工具。这些设施、资源、工具、软件等都需要学生有较好的适应能力，采取积极地策略适应环境的变化，提高数字化学习的效率。

　　（2）对数字化学习资源的获取与利用能力。

　　数字化学习资源的突出特点是可操作性强，且多以数字化的形式呈现，因此学习者需要掌握信息技术的知识，有效地获取与利用数字化的学习资源。获取与利用信息的能力包含三个要点，见表 2-28。

表 2-28　获取与利用信息的能力

要　点	说　明
应用信息技术的能力	利用资源，形成参与社会实践的态度和能力；利用各种应用软件，加工处理所获得资源的能力；交流和分享资源
对资源的评价与理解能力	数字化资源分布广泛、种类丰富，并不是获得的任意资源都能够进入学习者需要学习的范畴，因此，学习者要具有对资源的来源、真实性、有效性结合自身的需求进行评估的能力，做一番去粗取精，去伪存真的工作后才考虑应用资源
利用资源，形成参与社会实践的态度和能力	学习者要发挥自身积极性，使获得的资源与自己原有的认知结构发生联系，才能内化为知识

　　（3）对数字化学习方式的运用能力。

　　数字化学习环境中，学习资源无处不在，如何利用丰富多彩的多媒体资源构建自己的知识体系，表达自己的思想，是学习者对数字化学习方式运用能力的重要体现；数字化学习方式有多种，可以采取多种方式进行，协商、探究、讨论或自由的学习，这就使个性化学习成为数字化环境下的重要学习方式。在这种学习方式中，需要学习者具备利用数字化学习方式的能力，满足自身的学习需求。

说一说
　　国家智慧教育公共服务平台对学习和生活有哪些帮助？

2.5.3　应用网络工具

　　小华使用云盘共享资料，使用购物平台购买电子设备，使用网络教育参与辅导，使用云协作平台完成项目需求，这些网络工具的应用让我们的学习、生活更加丰富多彩。在当今社会，互联网作为伟大的产物，更是社会发展进步的最好证明。网络已经成为人们生活中不可或缺的一部分，无论在哪里都能找到网络活跃的身影。

　　网络走进生活，人与外界的交流和接触越来越零距离。通过网络可以发现很多鲜为人知的事情，网络让我们开阔了眼界，增长了知识，丰富了精神生活。

另外，网络也给我们带来了便捷。如网络购物、网络办公、网络教育、网络就医、网络新闻等。

1. 网络购物

通过网络购物平台，我们只需要在网上采购自己需要的商品，当天或数日后，将会收到包裹快递，享受上门服务。

2. 网络办公

政府、企业实现网络办公，方便了群众办事，也方便了员工工作，提高了工作效率，缓解了城市交通的拥堵。

3. 网络新闻

网上有广播电台、数字报刊和视频新闻等，各种主要报刊、电视台等媒体都开通网站。人们可以在第一时间通过网络，了解国内外最新的新闻动态。

4. 网络营销

各大电子商务企业，提供网络营销平台，企业可以把产品资料等各种信息，通过网络随时和世界各国用户乃至潜在的用户进行沟通，为企业提供无限商机。

5. 网络教育

远程网络教育，可以让学员随时随地聆听专家学者的讲座。让学习变得更主动，更有目的性和实用性。

6. 网络就医

广大患者可享受远程病情诊断服务，同一时间，几个地区的医疗专家可以实现会诊。即使是在缺医少药的偏远山村，也可以请著名医生通过网络来诊断病情。

7. 网络交友

通过网络聊天工具、论坛、邮件等可以让远隔千里的人们相互交流。网络交往是社会上人际交往的延伸，由于网络空间的特点，它和社会上人际交往有很大的区别。因此，网络不仅影响了人们的物质生活，同时也深深地影响了人们的精神生活。对于网络技术的发展，网络对人们物质生活的影响较为正面的、积极的，在提高人们工作效率的同时，促进了社会生产率的提高，增加了社会财富。但网络对人们精神生活的影响也更为复杂。面对网络这把"双刃剑"，我国在积极推动互联网应用的同时，在法律层面上逐步完善各种互联网法律，应对因互联网而发生的问题。

说一说

网络工具给日常生活带来了哪些便利？

任务 6　了解物联网

随着互联网技术的进步和时代的发展，衍生出了物与物通过互联网相互联接，传输数据的需求。物联网技术正是实现"物物相联、人物互通"的基础，通过物联网的发展历程，可以了解物联网技术的发展情况以及在未来的主要应用领域。典型物联网系统的使用，让人们近距离感受物联网技术带来的便捷和对生活生产方式的改变。了解物联网思维导图如图 2-56 所示。

图 2-56　了解物联网思维导图

◆ 任务情景

情景 1——小华周末去参观公司的智能仓储项目，迎宾机器人过来打招呼并带路。小华看到：在仓库大门入口，智能电子眼扫描识别进出人车；进入仓库大厅，智能机器人正在扫描物品的二维码，迅捷取放；仓库货架上的温湿度检测器时刻测试着现场的温度和湿度，并把触发事件显示在仓库大厅的可视化大屏上。

情景 2——小华随后又去大学参观。汽车来到学校大门前，门口的电子眼扫描车辆后，自动打开了大门，并显示车辆信息；来到农学院，看到实验室里一面墙上种满一层层有机蔬菜，各层光照各不相同，用水量也不一样，每层上方时不时还会喷洒一些液体。

◆ 任务分析

智能仓储中机器人的繁忙，智慧校园的井然有序，现代化无土种植的景象，让小华目不暇接。

智能仓储的应用，解决了仓库管理的难题；智慧校园的应用，解决了校园内部监控中的盲点；现代化无土栽培技术的应用，能够实时监测大棚温度、水肥情况，使得种植管理更加高效，确保农作物的高质高产。无论是智能仓储、智慧校园还是现代化种植，都离不开物联网技术的支撑。物联网技术是实现"物物相联，人物互通"的基础，它是对信息技术的扩展。

小华明白了，要想搞清楚智能仓储中物品的存取、智慧校园中车辆的监控和现代化无土栽培植物的光照水源供应控制，需要了解物联网技术的发展，了解智慧城市相关知识，了解典型的物联网设备及软件应用等。

2.6.1　认识物联网

"人形"机器人过来打招呼并带路；在仓库大门入口，智能电子眼扫描识别进入；进入仓库大厅，看到智能机器人正在扫描物品的二维码，迅速取放物品；车辆信息的获取；植物的智能洒水，这些都是物联网技术的实现实例。物联网是新兴信息技术的主要组成部分，是将各种信息终端设备与计算机网络联接起来而形成的一种新兴的互联网络。其英文名称是"The Internet of Things"或"The Internet of Everything"。其包含两层含义：

（1）物联网的核心技术仍然是互联网，是对互联网的拓展和延伸。

（2）实现任意的物与物之间的信息交互和网络通信。

因此，物联网概念是实现互联网技术上的终端设备的延伸和物与物的信息交互的一种网络概念。在 2005 年 ITU（国际电信联盟标准）正式提出"物联网"概念。"物联网"将具有感知能力和智能的物理实体通过网络技术联接在一起，实现企业生产、经济社会管理，及个体网络生活互联起来，被称为第三次信息浪潮。

目前，行业内公认的物联网定义是通过定位系统、传感器系统及射频识别（RFID）设备，按照一定的协议，与互联网互联在一起，进行信息交互和网络通信，实现对物品的智能化跟踪、定位、监控和管理。物联网发展历程见表 2-29。

表 2-29　物联网发展历程

时　　间	物联网发展里程碑
1999 年	物联网一词由 Auto-ID 实验室的执行董事 Kevin Ashton 所创
2000 年	LG 公司推出世界上第一台网络冰箱
2003—2004 年	物联网 IoT 一词在主流的出版社如科学人杂志和波士顿环球报

时　　间	物联网发展里程碑
2005 年	联合国的国际电信联盟（ITU）在 2005 年发表了 IoT 专题的第一个报告； 一个有 WiFi 功能兔子形状的环境电子设备，能提醒及跟用户谈论股市行情、头条新闻、闹钟等，实现了物联网络的可能性
2006—2009 年	物联网开始获得欧盟认可，并举办了第一届欧洲物联网会议； 一群公司在 2008 年推出 IPSO 联盟促进网络协议（IP）； 物联网诞生于 2008 年和 2009 年之间，使得更多的东西或是对象被连接到网络； 美国国家情报委员会将物联网列为六项"颠覆性民用的技术"之一
2010 年	物联网是中国的重点产业并计划做出重大投资
2011 年	2011 年 6 月 8 号，世界 IPv6 日，由网络协会和其他几家大公司和组织举行了一个 IPv6 24 小时全球性的测试，IPv6 被公开推出
2013 年	发行 Google 眼镜，是一种增强现实技术的眼镜。这个眼镜可以用在任何的无线方法——从 RFID，红外线，蓝牙到 QR code，去辨识可以被操作的连接设备，并且操作它
2014 年	苹果公司宣布，HealthKit 和 HomeKit 两个健康与家庭自动化的发展方案； 工业物联网标准联盟的成立，表明物联网具有改变任何制造和供应链流程运作方式的潜力
2017 年以来	物联网的发展变得更便宜、更容易、更被广泛接受，引发整个行业的创新浪潮。自动驾驶汽车在不断完善，区块链和人工智能已经开始融入物联网平台，智能手机/宽带普及率的提升将继续让物联网成为未来有吸引力的价值主张

1．物联网的架构

标准物联网系统架构，大致分为三层：应用层、网络层、感知层，如图 2-57 所示，在表 2-30 中给出了具体的三层功能分析。

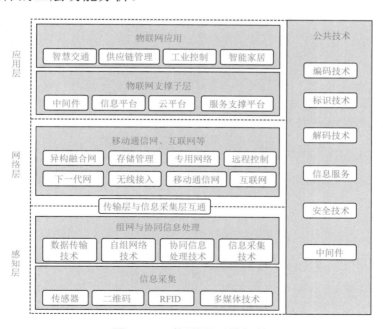

图 2-57　物联网系统架构

表 2-30　物联网系统架构功能

感知层—信息采集	该层是物联网中的最底层，在该层会把很多传感器及数据采集器安放在物理设备上，形成一定规模的互联网络。通过数据采集，感知周围的环境参数，把数据提供给上层来完成对物理设备的控制
网络层—信息传输	该层有承上启下的作用，对上负责数据传输，对下进行指令控制。该层利用互联网技术及无线传感技术等实现各种信息的传递，具有高可靠、高安全性传送数据
应用层之—信息管理	主要解决海量数据的存储、检索及数据挖掘问题，注重数据安全和隐私保护。简单来说，就是把获取的数据进行有效整理并加以合理利用
应用层之—信息综合应用	在综合应用方面，直接面对用户群体。经过云计算中心的数据处理，把数据以各种形式（视频、邮件等）在网络上进行传播，从而达到以"物"为中心的应用

2. 物联网的主要技术

物联网技术是以互联网技术为基础，是对互联网技术的扩展与延伸，其终端设备的应用实现用户之间的物物信息交流与数据通信。那么，在这过程中，物联网应用有 5 个关键技术。

（1）通信技术。

传统意义上，通信技术包括无线通信技术、移动通信技术、蓝牙技术等重要技术，其中终端到终端的技术是所有技术的关键，实现终端设备之间的连接和通信。从功能上看，端到端技术和云计算技术的共同发展，引起了物联网技术的飞快发展。

（2）传感技术。

每个物联网设备都有收集数据的关键技术，其中传感技术就是其关键技术之一。目前，传感技术已经渗透到所有领域的设备上，比如智能交通、工农业生产及高校物联网实验研究等领域，传感技术越来越发挥着重要作用。

（3）标签技术。

RFID（射频识别）标签技术是一种传感技术的实现方式，利用射频识别把无接触的数据信息在物与物之间传递。由于其具有无接触性、自动识别、速度快等特点。因此，RFID 广泛应用于物流管理、生产车间等方面。

（4）嵌入式技术。

计算机软硬件技术及电子传感技术的发展，促进了嵌入式技术的发展，作为一个综合复杂技术，经过多年的发展，越来越多的终端设备应用嵌入式技术来实现智能化服务。在物联网应用的前提下，嵌入式技术作为终端设备的数据采集、数据分析等功能的具体技术，起着信息数据传递和处理的作用。

（5）云计算技术。

随着互联网技术的发展，云计算技术如雨后春笋般茁壮成长，现有的云计算技术已经能提供更多功能，如虚拟机秒级部署、按需分配资源、快速扩充业务资源等，方便了运维工作，也提升了设备资源的利用率。

3．我国物联网发展现状

物联网是以传感器网络为基础发展起来的，2000 年，中科院启动的传感器网络技术研究，为现在的物联网发展奠定了基础。物联网也是数字经济时代的基础设施，数字经济是物联网时代的经济形态。"十四五"时期，数字经济与物联网产业将呈现更为紧密的互相促进、融合发展态势。目前，物联网技术已经在智能家居、无人机、服务机器人、AR 穿戴设备等多个领域中有了广泛应用。在这些场景中，实时音视频技术也扮演了重要的角色，为这些设备搭载"眼睛"和"耳朵"。同时，实时音视频技术也在进一步扩展物联网设备的应用边界，如智能健身镜、带人脸识别的智能门锁等一系列新场景。

（1）完善生态体系。

随着技术标准、网络协议等不断验证成熟，物联网技术已经跑在信息技术发展的高速公路上，从 2017 年开始，产业规模逐年递增，形成较为完善的产业系统，我国自研芯片、设备及集成解决方案逐步成熟。

（2）市场规模快速增长。

中国互联网协会发布的《中国互联网发展报告（2022）》指出，截至 2021 年底，我国物联网产业规模超过 2.6 万亿元，2020 年规模为 1.7 万亿元。我国物联网产业正在保持平稳发展，物联网发展也已进入场景落地的关键阶段。

（3）加速应用。

在我国，物联网广泛应用于基础设施建设等领域，包括交通、物流、医疗、安防等，形成了包括云计算、人工智能、系统集成、物联网服务在内的比较完善的产业系统，为诸多行业的发展提供了有力保障。

（4）标准体系取得进展。

近年来，在物联网国际标准化中，我国的物联网标准的影响力逐步提升，国内多个企业积极参与到标准制定中，包括华为、中兴等。我国已经成为 ITU 有关物联网工作组的主要成员之一，并牵头制定了首个国际物联网总体标准——《物联网概览》。在标准体系制定方面，我国主导的多个国际物联网标准被广泛应用在电子健康指标评估、大数据等方面。在国内的标准研制方面，也把传感技术、互联网技术、RFID 等融合起来，实现物联网体系架构的共性标准。

4．我国物联网行业发展趋势

（1）从行业整体发展趋势来看，国内物联网行业未来发展将有更大空间，随着物联网设备技术的发展、标准完善及我国政府政策的推动，物联网将不断扩大其应用领域，新的应用领域也在不断开发中。未来，物联网产业将有革命性发展。

① 智能物流是行业趋势。

② 智能医疗逐步部署。

③ 智能家居快速发展。

④ 车联网已越来越成熟。

（2）从区域结构看，国内物联网分工明显。目前，在长三角、珠三角、环渤海等聚集的经济发展体系中，物联网已初步形成产业规模。

（3）从技术应用看，物联网技术与大数据、云计算、人工智能等技术逐渐融为一体。物联网技术作为信息技术的重要组成部分，在促进传统产业结构转型中起到巨大的推动作用，实现了跨界融合、集成创新的发展。

5. 了解智慧城市相关知识

随着物联网技术的发展，智慧城市先后经历两个时代，以"PC+互联网为基础、电子政务和电子商务为主要应用场景"的 1.0 时代到以"智能手机+移动互联网为基础、移动支付为主要应用场景"的 2.0 时代，逐步实现了城市的高度信息化。随着移动物联网技术（NB-IoT）的诞生，智慧城市开始进入 3.0 时代，这个阶段主要以"物联网成为城市神经网络、人工智能成为城市大脑"，为了实现城市"人与物、物与物"之间的全面信息化，其主要应用场景在智慧医疗、智慧环保、智慧交通、智慧消防等方面。以移动物联网为基础的智慧城市 3.0 时代，物联网基础产业逐步进入产业起步阶段，环渤海、长三角、珠三角、中西部四大智慧城市群已初步形成。

我国智慧城市建设已超 500 个，预计到 2023 年我国新型智慧城市涉及的相关市场规模将达到 1.3 万亿元。在交通、医疗、通信、金融、能源、教育等领域的发展，智慧城市具有明显的带动作用，这将给城市经济建设发展提供可持续的支持。智慧城市应具有以下重要特征：

（1）全面的感知。

通过传感技术可以实现城市管理过程中的更全面、更系统的感知。智慧城市利用各种智能设备识别、定位、感知环境状态、监控等信息的全面收集，对感知数据进行加工处理，使城市中有感知需求的人和物实现感知，促进城市各个关键系统的高效运作。

（2）可靠的传递。

各种有线、无线网络技术的应用，为城市中物与物、人与人、物与人的连接提供了基础条件。在实现全面连接的基础上，确保各种信息的获取、反馈及控制有效进行。

（3）高度的智能化。

现代城市的管理是一项复杂的工程，新一代智能化的信息管控技术的应用，将进一步推动智慧城市的发展。各种技术的融合与发展，促进各种信息数据收集的准确性及高效的加工处理，也可推动智能融合技术的随时、随地应用，实现智能化控制管理。

（4）人性化管理和持续创新。

智慧本身是对人类灵性的描述，面向知识社会的创新重塑了以人为本的内涵，在城市建设中，为了完成城市自动化、智慧化及人性化，使得城市像人一样具有灵性和智慧，通过各种开放工具和方法的应用，不断推动大众创新、协同创新等，实现以人为本的经济社会的可持续发展。

随着我国城镇化进程的加速发展，越来越多的人聚集在城市中生活，高质量的公共服务及市政管理将推动着城市迈向智慧化。尽管前景美好，但在发展过程中将面临诸多难题和挑战。

（1）缺少对"物"的最佳联接技术。

在城市中，各种"物"遍布城市的每个角落，对网络信号覆盖的要求也不尽相同，处于楼宇、街道上的"物"设备，自然有更好的环境获取网络信号，而处于地下室、地下管道等的"物"设备要想获得网络覆盖非常困难，虽然已有 2G/3G/4G/5G 网络，但其信号依然无法全面覆盖。常用的无线技术（WiFi、蓝牙、RFID）等，也因覆盖范围小、易干扰、安全性差等问题不能解决"物"的联接。

因此，传统的联接技术无法满足智慧城市对于广覆盖、低功耗、低成本的海量联接的需求。

（2）各行业缺少物联网管理平台。

目前，各行业的智慧城市物联网服务呈现碎片化的发展模式，每个行业都有自己独立的应用管理平台、独立的数据接口及数据格式等，这些独立的技术使它们之间无法实现互通互联、数据汇总处理，很难为城市管理者提供有效的数据支撑。因此，急需构建一个跨行业、跨技术的融合的物联网综合管理平台。

说一说

万物互联时代，工作和生活发生了哪些改变？

2.6.2　了解常见物联网设备与应用

仓库货架上的温湿度检测器时刻检测着现场的温度和湿度，并把触发事件显示在仓库大厅的可视化大屏上；家门口的电子眼扫描车辆并推送信息到小华的手机上；实验室里种植的有机蔬菜，不同层灯光的变化，不同植物水流的不同，这些智能现象都是传感器技术与信息智能处理技术相结合的结果。使具有一定智能处理能力的设备，实现对物体的智能控制，利用云计算、模式识别等各种智能技术，扩展其应用领域。从传感器获取的海量数据中分析、加工和处理出有意义的数据，适应不同用户的不同需求，发现新的应用领域和模式。到目前为止，物联网技术发展大致应用在十个领域，分别为物流、交通、安防、能源、医疗、建筑、制造、家居、零售和农业。下面分别讲述物联网技术如何应用于这十大领域。

1. 智慧物流

智慧物流指的是以物联网、大数据、人工智能等信息技术为支撑，在物流的运输、仓储、运输、配送等各个环节实现系统感知、全面分析及处理等功能。当前，应用于物联网领域主要体现在三个方面，仓储、运输监测及快递终端等，通过物联网技术实现对货物的监测及运输车辆的监测，包括货物车辆位置、状态及货物温湿度，油耗及车速等，如图 2-58 所示。物联网技术的使用能提高运输效率，提升整个物流行业的智能化水平。

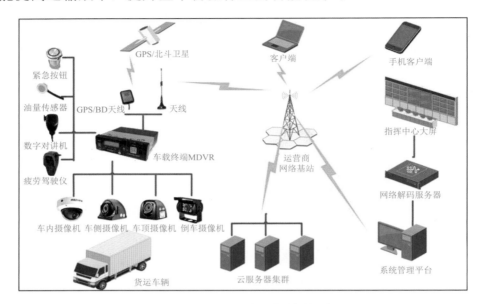

图 2-58　货运车辆智能监测

2．智能交通

智能交通是物联网的一种重要体现形式，利用信息技术将人、车和路紧密地结合起来，改善交通运输环境、保障交通安全并提高资源利用率。运用物联网技术具体的应用领域，包括智能公交车、共享单车、车联网、充电桩监测、智能红绿灯及智慧停车等应用，如图 2-59 所示。其中，车联网是近些年来各大厂商及互联网企业争相进入的领域。

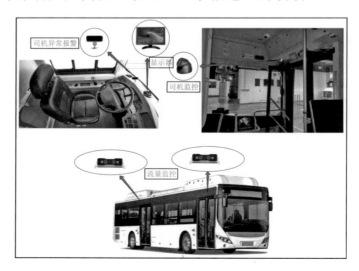

图 2-59　智能公交车监控

3．智能安防

安防是物联网的一大应用市场，因为安全永远都是人们的基本需求。传统安防对人员的依赖性比较大，非常耗费人力，而智能安防能够通过设备实现智能判断。目前，智能安防最核心的部分在于智能安防系统，该系统是对拍摄的图像进行传输与存储，并对其分析与处理。一个完整的智能安防系统主要包括三大部分：门禁、报警和监控，现实应用中主要以视频监控为主。智能摄像机监控，如图 2-60 所示。

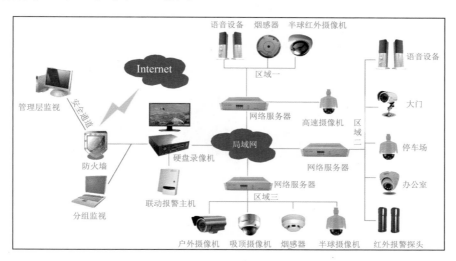

图 2-60　智能摄像机监控

4．智慧能源环保

智慧能源环保属于智慧城市的一个部分，其物联网应用主要集中在水能、电能、燃气等能源及路灯井盖、垃圾桶等环保装置；智慧电表监测如图 2-61 所示。如智慧井盖监测水位及其状态、智能水电表实现远程抄表、智能垃圾桶自动感应等。将物联网技术应用于传统的水、电、光能设备进行联网，通过监测，提升利用效率，减少能源损耗。

图 2-61　智慧电表监测

5．智能医疗

在智能医疗领域，新技术的应用必须以人为中心。而物联网技术是数据获取的主要途径，能有效地帮助医院实现对人的智能化管理和对物的智能化管理。其中，对人的智能化管理指的是通过传感器对人的生理状态（如心跳频率、体力消耗、血压高低等）进行监测，主要指的是医疗可穿戴设备，将获取的数据记录到电子健康文件中，方便用户或医生查阅。除此之外，通过 RFID 技术还能对医疗设备、物品进行监控与管理，实现医疗设备、用品的可视化，主要表现为数字化医院，如图 2-62 所示。

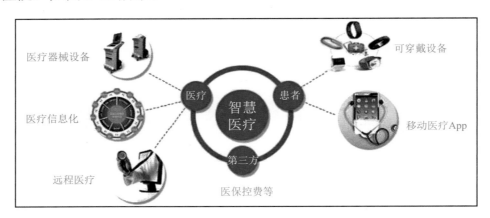

图 2-62　智能医疗

6．智慧建筑

建筑是城市的基石，技术的进步促进了建筑的智能化发展，以物联网等新技术为主的智慧建筑越来越受到人们的关注。当前的智慧建筑主要体现在节能方面，将设备进行感知、传输并实现远程监控，不仅能节约能源，同时也能减少楼宇人员的运维，如图 2-63 所示。目前智慧建筑主要体现在用电照明、消防监测、智慧电梯、楼宇监测及运用于古建筑领域的白蚁监测等。

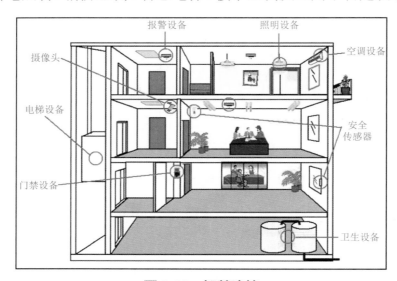

图 2-63　智慧建筑

7．智能制造

智能制造细分起来，概念范围很广，涉及很多行业。制造领域的市场体量巨大，是物联网的一个重要应用领域，主要体现在数字化及智能化的工厂改造上，包括工厂机械设备监控和工厂的环境监控。通过在设备上加装相应的传感器，使设备厂商可以远程随时随地对设备进行监控、升级和维护等操作，更好地了解产品的使用状况，完成产品全生命周期的信息收集，指导产品设计和售后服务；而厂房的环境主要是采集温湿度、烟感等信息，如图 2-64 所示。

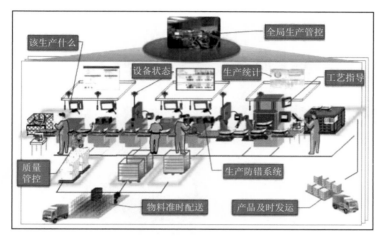

图 2-64　智能制造

8．智能家居

智能家居是指使用不同的方法和设备，来提高人们的生活能力，使家庭变得更舒适、安全和高效。物联网应用于智能家居领域，能够对家居类产品的位置、状态、变化进行监测，分析其变化特征，同时根据人们的需要，在一定的程度上进行反馈。

智能家居行业发展主要分为三个阶段：单品连接、物物联动和平台集成。

其发展方向先是连接智能家居单品，随后走向不同单品之间的联动，最后向智能家居系统平台发展。

越来越多的家庭采用家庭安全监控系统，对其周围的环境进行安全入侵检测。由于 RFID 标签技术的低成本、无电池、易于安装的特点，成为家庭安防产品监控系统的小型解决方案。人们可以把装有运动传感器的 RFID 标签贴在门窗、保险柜等物品上，用于检测入侵的活动状态。由于每个 RFID 标签具有独立的唯一 ID，当检测到活动事件时，RFID 阅读器会识别发生位置，然后把捕获到的活动数据及时传输到云端进行分析处理，并通过网络把警报信息发送给用户。

监控系统如图 2-65 所示，更像是一款摄像头，但其实拥有丰富的功能，适合小面积公寓使用。一方面，广角摄像头可实现运动监测，另外还能实现声音、环境监测（通过分离式传感器），能够有效提升家庭安全，还兼容 Z-Wave 标准的其他设备，具有广泛的应用性。

9. 智慧零售

按照距离，零售业分为三种不同的形式：远场零售、中场零售、近场零售，三者分别以电商、商场（超市）和便利店（自动售货机为代表）。

物联网技术可以用于近场和中场零售，且主要应用于近场零售，即无人便利店和自动（无人）售货机。智能零售通过将传统的售货机和便利店进行数字化升级、改造，打造无人零售模式。通过数据分析，充分运用门店内的客流和活动，为用户提供更好的服务，给商家提供更高的经营效率，如图 2-66 所示。

图 2-65　家庭安全监控系统　　　　　　图 2-66　智慧零售超市

10. 智慧农业

智慧农业指的是利用物联网、人工智能、大数据等现代信息技术与农业进行深度融合，实现农业生产全过程的信息感知、精准管理和智能控制的一种全新的农业生产方式，可实现农业可视化诊断、远程控制以及灾害预警等功能。主要体现在两个方面：农业种植和畜牧养殖。

农业种植通过传感器、摄像头和卫星等收集数据，实现农作物数字化和机械装备数字化（主要是农机车联网）发展；畜牧养殖指的是利用传统的耳标、可穿戴设备及摄像头等收集畜禽产品的数据，通过对收集到的数据进行分析，运用算法判断畜禽产品健康状况、喂养情况、位置信息及发情期预测等，对其进行精准管理。植物生长监测器，如图 2-67 所示。

将植物生长监测器放置到土壤上，监测器上的传感器就能够监测植物的湿度、温度等，通过应用程序把监测到的数据推送给后端管理系统，告诉人们什么时候该浇水等操作。

通过对物联网十大应用行业的介绍，我们了解到物联网技术的作用主要是为了获取数据，然后运用云计算、边缘计算等技术进行处理，帮助人们更好地进行决策。日常生活中，我们正在使用的物联网应用有很多，包括第二代身份证、一卡通、ETC 收费系统、自动售卖机等，下面以"小米温湿度传感器"为例，介绍相关物联网的软件配置。

① 将移动终端联网，下载"米家"App，如图 2-68 所示。

图 2-67　植物生长监测器

图 2-68　下载"米家"App

② 注册账号后登录，可以在登录界面扫描设备后进行自动连接，如图 2-69 所示。

图 2-69　扫描设备

③ 在"米家"App 的首页即可看到新添加的设备，如图 2-70 所示。

④ 单击"温湿度传感器"，即可查看室内温湿度变化情况，如图 2-71 所示。

⑤ 单击图 2-71 中"温湿度传感器"右上角的图标，可以对该传感器功能及通用参数进行设定，如图 2-72 所示。

图 2-70　温湿度传感器　　　　图 2-71　温湿度变化情况图　　　　图 2-72　温湿度传感器设置图

 说一说

对创新驱动、智慧赋能的理解。

考 核 评 价

序　号	考 核 内 容	完 全 掌 握	基 本 了 解	继 续 努 力
1	了解网络技术的发展，能描述互联网对组织及个人行为、关系的影响，了解与互联网相关的社会文化特征；了解网络体系结构、TCP/IP 协议和 IP 地址的相关知识，会进行相关的设置；了解互联网的工作原理；认识网络环境的优势与不足，理解积极健康的网络文化和规范，养成正确的网络行为习惯			
2	了解常见网络设备的类型和功能；会进行网络的连接和基本设置，能判断和排除简单网络故障；能主动了解网络新技术，养成严谨细致的学习和工作态度			
3	能识别网络资源的类型，并根据实际需要获取网络资源；会区分网络开放资源、免费资源和收费认证资源，树立知识产权保护意识，能合法使用网络信息资源；会辨识有益或不良网络信息，能对信息的安全性、准确性和可信度进行评价，自觉抵制不良信息			
4	掌握网络通信、网络信息传送和网络远程操作的方法；会编辑、加工和发布网络信息；能在网络交流、网络信息发布等活动中，坚持文明的网络文化导向，弘扬社会主义核心价值观			
5	了解网络对生活的影响，能熟练应用生活类网络工具；初步掌握网络学习的类型与途径，具备数字化学习能力；会运用网络工具进行多终端信息资料的传送、同步与共享；能借助网络工具多人协作完成任务；能高效利用网络信息资源，有效保护个人及他人信息隐私，提升信息社会责任意识，做一名合格的数字公民			
6	了解物联网技术的发展；了解智慧城市相关知识；了解典型的物联网系统并体验应用；了解物联网的常见设备及软件配置；了解物联网应用场景，感受技术助力美好生活			
收获与反思	通过学习，我的收获： 通过学习，发现的不足： 我还需要努力的地方：			

本章习题

一、选择题

1. 计算机网络发展过程中，ARPNET 是属于_____阶段的里程碑。

    A．面向终端   B．局域网阶段

    C．网络互联阶段   D．信息互联阶段

2. OSI 参考模型中负责电气部分管理的是_____。

    A．物理层   B．数据链路层   C．网络层   D．会话层

3. 传输层中面向可靠连接的协议是_____。

    A．FTP   B．DNS   C．TCP   D．UDP

4. C 类 IP 地址的主机地址个数是_____。

    A．2^8-2 个   B．$2^{24}-2$ 个   C．2^7-2 个   D．$2^{16}-2$ 个

5. 普通的网络交换机属于_____层设备。

    A．网络层   B．物理层   C．数据链路层   D．网际层

6. 用于跟踪网络的工具是_____。

    A．ipconfig   B．ping   C．netstat   D．tracert

7. 以下_____是局域网内的 IP 地址。

    A．202.5.3.102   B．192.168.5.7   C．126.189.25.31   D．58.209.7.145

8. 网卡的种类繁多，超薄笔记本网卡是_____。

    A．有线网卡   B．无线网卡   C．USB 网卡   D．蓝牙

9. 具有网络互连、网络隔离、流量控制等功能的网络设备是_____。

    A．集线器   B．交换机   C．路由器   D．网桥

10. 随着互联网的发展，家庭常用的网络互联方式是_____。

    A．主机—路由器   B．交换机—路由器

    C．路由器—路由器   D．服务器—交换机

11. 127.0.0.1 作为本地循环地址，是为了检测_____。

    A．网卡与交换机的连通性   B．交换机与路由器的连通性

    C．本地网络自检   D．以上都不对

12. 在局域网内，_____可进行网络资料的共享。

    A．使用网盘   B．使用系统自带的共享功能

　　C．使用文件传输软件　　　　　　　　D．使用隔空投递功能

13．在众多多媒体资源库中，其中属于在线课程的是_____。

　　A．直播　　　　　　B．微课　　　　　　C．千聊　　　　　　D．网易云课堂

14．网络信息发布平台种类繁多，_____是用于日常交流的信息平台。

　　A．淘宝　　　　　　B．京东　　　　　　C．微信　　　　　　D．126 邮箱

15．国内最大的研究物联网的组织是_____。

　　A．中国联通　　　B．中国科学院　　　C．中国电信　　　D．中国移动

16．.准物联网系统架构由三层组成，用于解决数据如何存储的是_____层。

　　A．感知识别　　　B．网络管理服务　　　C．网络构建　　　D．综合应用

17．智能灯泡属于_____种智能设备。

　　A．智能安防　　　B．智能医疗　　　C．智能制造　　　D．智能家居

二、判断题

1．网络技术是一个有机整体，实现了资源之间的共享及协作，这些资源包括：高性能计算、信息资源、存储资源、网络、数据库、文件等。　　　　　　　　　　　　（　　）

2．计算机网络的发展经历了四个阶段，分别为面向终端、面向计算机网络、面向互联网及面向信息高速互联阶段。　　　　　　　　　　　　　　　　　　　　　　（　　）

3．OSI 参考模型与 TCP/IP 协议体系结构之间的区别是理论与实践的区别。　　（　　）

4．千兆局域网使用超五类双绞线实现终端设备与互联网互联。　　　　　　　（　　）

5．在网络配置故障中，硬件故障最难以判断。　　　　　　　　　　　　　　（　　）

6．网络资源多种多样，包括软性资源和硬性资源。　　　　　　　　　　　　（　　）

7．网络远程操作就是网络远程控制，作为 B/S 架构的远程操作应用程序，利用无线信号对远端设备通过网络进行操作。　　　　　　　　　　　　　　　　　　　　（　　）

8．Windows 系统自带的共享功能可以实现局域网内用户设备之间的资源共享。（　　）

9．数字化学习资源突出的特点是可操作性强，获取与利用学习资源能力重点在于应用信息技术的能力。　　　　　　　　　　　　　　　　　　　　　　　　　　　（　　）

10．物联网是新一代信息技术的重要组成部分，指的是将各种信息传感设备与互联网结合起来而形成的一个巨大网络。　　　　　　　　　　　　　　　　　　　　　　（　　）

11.在我国，随着物联网在自然灾害检测、边防监控、重大活动的安全保卫等领域的广泛应用，物联网已被列为国家新兴战略产业。

三、思考题

1.简述网络体系结构协议的概念及特点。

2. 简述进行网络资源获取的过程、网络资源获取的类型和特征。

四、操作题

1. 某公司计划规划 IP 地址，现有 6 个部门需要使用独立的网络，每个部门不超过 29 台主机。现准备使用 C 类 IP 网段 192.168.5.0 来进行子网划分，作为网络管理员，请合理设计和划分子网，并计算子网掩码。

2. 老师把课件上传至"百度网盘"，希望下课后学生能访问网盘并下载课件进行学习，请模拟老师上传/下载课件的过程和网盘软件的使用流程。

3. 有些老年人对网络应用不熟悉，请你帮助他们解决日常网络应用需求，如教会他们完成一次网络预约挂号。

第3章　图文编辑

图文编辑是现代工作和生活中常用的一项技能，图文编辑软件是一类图文混排编辑软件，能够帮助人们制作出精美的图文信息，其主流应用软件有文字编辑软件、专业排版软件、图像处理软件、多人在线实时编辑软件等，很多软件支持移动终端应用，可以实现对文字、表格、图片等素材的编辑排版。

专业排版

从事图书、期刊、报纸、电子书等出版工作的专业技术人员，广告行业的设计人员，以及新媒体领域的编辑人员等，需要利用图文编辑软件进行图书、期刊、报纸、电子书等排版，广告文案撰写，新媒体产品排版与设计等，如图 3-1 所示。运用图文编辑软件进行专业排版时，首先要确保文本、图片等内容符合时代要求，弘扬正能量，遵守法律法规，尊重知识产权；其次在页面编排上要精益求精，弘扬工匠精神，确保内容准确、美观易读。

办公应用

在工作中，经常要撰写申请书、项目报告、会议议程、通知公告、工作计划、工作总结等办公文档，如图 3-2 所示，这些工作都需要使用图文编辑软件进行录入和排版。在进行图文编辑办公应用时，要具备信息综合应用能力，如文字资料的获取和处理，图片的采集和处理，版式的设计等；要强化信息鉴别能力，加强保密意识；要严守职业道德，树立责任意识，确保内容专业、格式正确。

（a）图书出版领域应用

（b）期刊出版领域应用

（c）报纸行业出版领域应用

返回目录　　放大　　缩小　　全文复制　　　　　　　　　　上一

丰收在望

《 人民日报 》（ 2021年05月16日　第 01 版）

近年来，杭州市临安区天目山镇积极发展规模化的水稻、小麦种植，改善人居环境，增强了农业综合生产能力。图为5月14日，天目山镇麦浪涌动。

胡剑欢摄（影像中国）

（d）新媒体出版领域应用

图 3-1　图文编辑在专业出版领域中的应用

会议主题：	时间				
	地点				
	参会人员				
会议议程					
序	时间	议　题		发言人	发言时间
1					
2					
3					
4					
5					
预计耗时					

（a）编辑会议议程

各分公司、办事处、部、室、项目监理部：

　　xxxx 年春节即将来临，为了庆祝这团圆、喜庆、欢乐、祥和的传统佳节，进一步弘扬企业精神，展现员工风采，共同庆祝公司在xxxx年里取得丰硕成果，描绘公司 xxxx 年的宏伟蓝图，公司决定举办年会和联欢晚会。现将有关筹备事项及各部门节目报送通知如下：

（b）编辑通知公告

图 3-2　图文编辑在工作中的应用

日常生活

　　在生活中，人们经常需要编辑学习笔记、数码相册、个人简历、自荐信、账单记录等文档，如图 3-3 所示，这些工作也同样需要使用图文编辑软件进行录入和编辑。运用图文编辑软件记录生活中的美好瞬间时，应秉持积极阳光的心态，关注国家发展，增强民族自信心和自豪感，厚植家国情怀，确保文档实用、方便有效。

（a）设计制作个人简历

（b）学习笔记

（c）设计制作数码相册

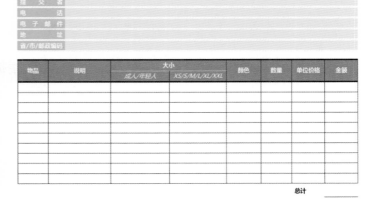

（d）账单记录

图 3-3　图文编辑在生活中的应用

任务 1　操作图文编辑软件

小华经常要完成宣传板报、宣传稿、海报等设计制作任务，看到其他班级同学编辑设计的板报、海报等非常漂亮，小华很羡慕，因此也想好好学习文档编辑相关的知识技能。于是，小华向老师请教目前主流的图文编辑软件都有哪些。老师说："图文编辑软件主要分为文字编辑、专业排版、图像处理等类型，主流的文字编辑软件有 WPS 文字软件、Word 软件、飞书文档软件、企业微信文档软件等，这些软件大都支持多人在线实时编辑和移动端应用；主流的专业排版软件有方正飞翔、CorelDRAW、InDesign 等；主流的图像处理软件有 Adobe Photoshop，这些软件可以根据需要合理选用。"

◆　**任务情景**

一天，小华接到了为宣传栏设计制作介绍"中国梦"宣传版面的任务，如图 3-4 所示。根据任务要求，小华希望选择一款简单、易学的文字处理软件尽快完成任务。另外，之前经常听说会出现文件不小心被删除或被修改的问题，他也希望对自己辛苦编辑的文档进行保护。

中国梦

中国梦，是中国共产党第十八次全国代表大会召开以来，习近平总书记所提出的重要指导思想和重要执政理念，正式提出于 2012 年 11 月 29 日。习近平总书记把"中国梦"定义为"实现中华民族伟大复兴，就是中华民族近代以来最伟大梦想"，并且表示这个梦"一定能实现"。

"中国梦"的核心目标也可以概括为"两个一百年"的目标，也就是：到 2021 年中国共产党成立 100 周年和 2049 年中华人民共和国成立 100 周年时，逐步并最终顺利实现中华民族的伟大复兴，具体表现是国家富强、民族振兴、人民幸福，实现途径是走中国特色的社会主义道路、坚持中国特色社会主义理论体系、弘扬民族精神、凝聚中国力量，实施手段是政治、经济、文化、社会、生态文明五位一体建设。

★★★★★

图 3-4　"中国梦"宣传栏样例

◆　**任务分析**

小华整理了一下工作思路，准备从以下几个方面，完成本任务。

1. 选定一款文字编辑软件。

2. 学会软件的基本操作。

3. 对文件进行保护。

操作图文编辑软件思维导图如图 3-5 所示。

图 3-5　操作图文编辑软件思维导图

3.1.1　图文编辑软件概述

小华为了完成设计制作介绍"中国梦"宣传版面的任务，需要了解主流图文编辑软件的功能及特点，以便选用合适的图文编辑软件来完成这项任务。

1. 主流的图文编辑软件

主流的图文编辑软件的特点详见表 3-1，可根据业务需要综合选用。

表 3-1　图文编辑软件的特点

软件名称	特　　点	软件界面
WPS 文字	WPS 文字软件是北京金山办公软件股份有限公司自主研发的一种文字编辑软件，是日常生活、办公中常用的软件之一，包括文件操作、编辑排版、表格工具、图形绘制、打印输出等丰富的图文编辑功能，可以实现与他人协同工作并可在任何地点访问文件	
Word	Word 是广泛使用的图文编辑软件之一，功能与 WPS 文字软件的功能类似	

软件名称	特　　点	软件界面
企业微信文档	企业微信文档可实现与同事共同查看、共同编辑内容，可以@他人，并且可以插入视频、思维导图等丰富的格式。仅企业内员工可浏览、编辑的权限设置，保障了文档的安全性	
飞书文档	飞书文档支持多人同时编辑同一篇文档，还可以@同事或对细节进行评论、对文档点赞、在文档内投票，沟通更充分，互动更简单。文档中支持插入文本、图片、表格、文件、视频、任务列表、Markdown 等多种类型的内容，是一种创作和互动工具	
腾讯文档	腾讯文档是一款可供多人同时编辑的在线文档，支持文档、表格、幻灯片、收集表、思维导图等主流文件格式，编辑权限可控制，内容可实时保存	
方正飞翔	方正飞翔是一款专门用于书刊排版的专业排版软件，可以轻松处理从录入到输出的全过程操作，提供图形图像设计、数字出版等功能，是一套功能强大的集成系统	

软件名称	特　点	软件界面
InDesign	InDesign 主要用于各种印刷品，包括传单设计、图书设计、明信片设计等的排版编辑，属于专业排版软件	
CorelDRAW	CorelDRAW 可满足简报、彩页、手册、产品包装、标识、网页等的排版、设计需求，是专业排版软件	
Photoshop	Photoshop 主要处理以像素构成的数字图像。其丰富的编修与绘图工具，可以有效地进行图片编辑工作，很多功能在图像、图形、文字、视频、出版等各方面都有涉及	

2. 图文编辑软件功能

在工作和生活中，常用的图文编辑软件主要包括以下功能，详见表 3-2。

表 3-2　图文编辑软件主要功能

序　号	功 能 选 项	具 体 功 能
1	操作文件	新建、打开、关闭、保存、另存为、最近使用文件、信息、打印、配置选项等
2	编辑功能	选择、替换、查找、剪切、复制、粘贴、格式刷等
3	字体编辑	字体、字形、字号、字符间距、颜色、上标、下标、倾斜、下画线等效果

序　　号	功能选项	具 体 功 能
4	段落编辑	对齐方式、大纲级别、缩进、行间距、段前间距、段后间距、换行、分页、版式、底纹、显示和隐藏编辑标记等
5	编辑插入	插入页、表格、图片、图表、形状、流程图、结构图、关系图、链接、页眉、页脚、页码、文本框、艺术字、日期时间、符号等
6	页面布局	主题、文字方向、页边距、纸张大小、纸张方向、分栏、分隔符、行号、页面背景、段落、排列等
7	邮件操作	创建、开始、编写和插入域邮件合并、预览、完成邮件合并等
8	编辑视图	页面、阅读版式视图，显示标尺、网格线、导航窗口，显示比例，新建、重排和拆分窗口
9	编辑引用	目录、脚注、题注、索引、引文、书目等
10	表格工具	表格式样、表格属性、表格合并、表格拆分、插入行列、绘制边框、对齐方式、单元格大小、重复标题行、排序、公式等
11	更改式样	式样集、颜色、字体和段落间距等
12	审阅校对	校对、语言、批注、修订、更改、比较和保护等

3. 图文编辑软件的操作界面

从表 3-1 中可以了解到，在日常办公中，最常用的图文编辑软件是 WPS 文字和 Word，它们都具有窗口化的操作界面，包括标题栏、"文件"菜单、快速访问工具栏、功能区、工作区、滚动条、水平和垂直标尺、状态栏、文档视图工具栏、显示比例控制栏等，如图 3-6 所示为图文编辑软件 WPS 文字和 Word 窗口化操作界面。

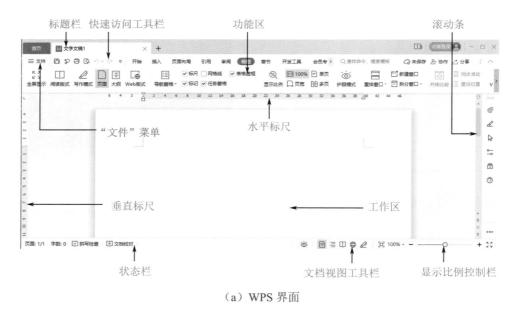

（a）WPS 界面

图 3-6　图文编辑软件窗口化操作界面

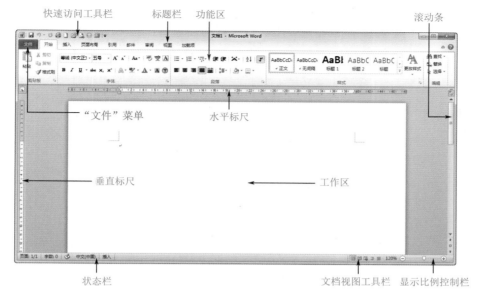

（b）Word 界面

图 3-6　图文编辑软件窗口化操作界面（续）

 说一说

如何理解"保护知识产权就是保护创新"？

3.1.2　图文编辑软件操作

由于设计制作介绍"中国梦"宣传版面只涉及文字和符号的编辑，相对比较简单，小华决定使用图文编辑软件 Word 来完成这项任务。本节将完成创建"中国梦"文档，输入相应文字和符号，保存、保护、打印文档和文档类型转换工作，并练习巩固图文编辑软件的基本操作。

◆ 操作步骤

1. 启动图文编辑软件

常规启动软件的过程本质上就是在 Windows 下运行一个应用程序，具体步骤如下。

① 单击屏幕左下角的"开始"菜单按钮。

② 单击"开始"→"所有程序"→"Microsoft Office"→"Microsoft Word 2010"命令。

启动 Word 软件还有以下两种快捷方法：方法一是如果桌面上有图文编辑应用软件的图标W，双击该图标；方法二是在"资源管理器"中找到带有图标W的文件（文档名后缀为".docx"或".doc"），双击该文件。

启动 Word 软件后进入 Word 软件的编辑窗口，如图 3-7 所示。

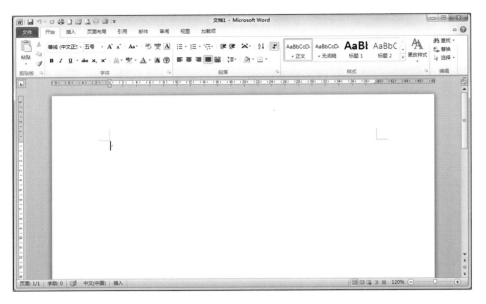

图 3-7　Word 软件的编辑窗口

2．退出图文编辑软件

退出图文编辑软件的步骤如下。

① 单击窗口中的"文件"菜单按钮。

② 在弹出的窗口中单击"关闭"按钮。

退出 Word 软件还可以采用单击标题栏右边"关闭"按钮 的方法。

退出时，若文档修改后尚未保存，则会弹出一个对话框，询问是否保存修改后的文档，若单击"保存"按钮，则保存当前文档后退出；若单击"不保存"按钮，则直接退出 Word 软件；若单击"取消"按钮，则取消此次的退出操作。

图 3-8　"中国梦"文档的保存

3．创建"中国梦"文档

创建"中国梦"文档的步骤如下。

① 启动 Word 软件后，新建一个空白文档。

② 单击保存 按钮，弹出"另存为"对话框，选择文档保存路径，在文件名处输入"中国梦"。

③ 单击"保存"按钮，即可完成"中国梦"文档的创建，如图 3-8 所示。

如果在编辑文档的过程中需要另外创建一个或多个新文档，可以采用以下方法。

➢ 方法一：单击"文件"→"新建"命令。

➢ 方法二：按【Alt+F】组合键，打开"文件"选项卡，单击"新建"命令。

➢ 方法三：按【Ctrl+N】组合键。

4．打开文档

打开文档的步骤如下。

① 单击窗口中的"文件"菜单按钮。

② 在弹出的窗口中单击"打开"命令。

打开一个或多个已存在的 Word 文档，还可以通过以下两种快捷方法：方法一是在"资源管理器"中双击带有 图标的文档，即可打开已存在的文档；方法二是按【Ctrl+O】组合键，在弹出的"打开"对话框中选择要打开的文档即可。

5．输入文本

在"中国梦.docx"文档中输入如图 3-4 所示的文字。在窗口工作区内有一个闪烁的黑色光标"|"，称为插入点，输入的字符将出现在该位置。输入文本时，插入点自动后移。

① 在工作区窗口中，将光标移动到想要输入文字的位置，或单击选定输入点。

② 输入文字，插入表格或图片等内容。

自动换行：Word 软件有自动换行的功能，当输入到每行的末尾时不需要按【Enter】键，就会自动换行，只有另起一个新段落时才按【Enter】键。按【Enter】键代表一个段落的结束，另一个新段落的开始。

中、英文输入：Word 软件中可输入中文和英文，按【Ctrl+Shift】组合键可在中、英文输入法之间进行切换。

插入和改写状态：单击状态栏上的"插入"/"改写"选项，或按【Insert】键，将会在"插入"和"改写"状态之间切换。

6．插入符号

在 Word 中输入文本时，可以通过"符号"对话框，插入键盘上没有的特殊符号或字符（如希腊字符、数学符号、图形符号等）。

插入特殊符号或字符的具体操作步骤如下。

① 将插入点定位到要插入符号的位置（插入点可以用键盘的上、下、左、右方向键来移动，也可以移动鼠标至选定的位置后单击鼠标左键）。

② 单击"插入"→"符号"组→"符号"→"其他符号"选项，弹出"符号"对话框，双击需要插入的符号如★，也可单击选中需要的符号后再单击"插入"按钮，如图 3-9 所示，连续双击多次则可连续插入多个相同的符号。

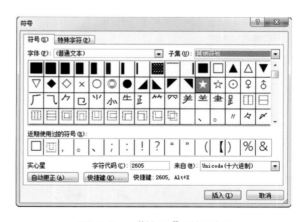

图 3-9　"符号"对话框

7．保存文档

保存文档的步骤如下。

① 单击窗口中的"文件"菜单按钮。

② 在弹出的窗口中单击"保存"按钮。

保存文档还有以下两种快捷方法：方法一是单击快速访问工具栏中的"保存"按钮；方法二是按【Ctrl＋S】组合键。

打开已有的文档并进行修改后，同样可用上述方法将修改后的文档以原有的文件名和路径进行保存。

单击"文件"→"另存为"命令，可以将一个正在编辑的文档以另一个不同的名字进行保存，而原来的文件依然存在。例如，当前正在编辑的文档名为 File.docx，如果既想保存原来的文档 File.docx，又想将编辑修改后的文档另存成一个名为 NewFile.docx 的文档，那么就可以使用"另存为"命令。

> **提示：**
>
> 输入或编辑文档时，最好随时进行保存文档的操作，以免因计算机意外故障造成文档内容的丢失。

8．保护文档

保护文档有三种方式：第一种是对打开权限进行设置，设置了打开权限的文档，打开后可以对文档进行编辑操作；第二种是对修改权限进行设置，设置了修改权限的文档，可以打开阅读，但如果要对文档进行修改，则必须输入密码；第三种是设置"只读"属性，设置了"只读"属性的文档，只能被打开，不能被修改。具体操作步骤如下。

（1）设置"打开权限密码"。

在文档存盘前设置"打开权限密码"后，再次打开文档时，首先要核对密码，只有输入正确密码后才能打开文档，否则将无法打开。

设置"打开权限密码"可以通过以下步骤实现。

① 单击"文件"→"另存为"命令，打开"另存为"对话框。

② 在"另存为"对话框中，单击"工具"→"常规选项"选项，打开如图 3-10 所示的"常规选项"对话框，在"打开文件时的密码"文本框中输入设定的密码。

③ 单击"确定"按钮，弹出"确认密码"对话框。

④ 在"确认密码"对话框的文本框中重复输入所

图 3-10 "常规选项"对话框

设置的密码并单击"确定"按钮。如果密码核对正确，则返回"另存为"对话框；否则出现"密码确认不符"警示信息，此时只能单击"确定"按钮，重新设置密码。

⑤ 返回"另存为"对话框后，单击"保存"按钮。

至此，密码设置完成。当需要再次打开此文档时，会出现"密码"对话框，要求用户输入密码，密码正确则文档正常打开，否则无法打开文档。

（2）设置修改权限密码。

如果只允许打开并查看一个文档，但无权修改它，则可以通过设置"修改权限时的密码"实现。

设置修改权限密码的步骤，与设置打开权限密码的操作非常相似，不同的只是将密码输入"修改文件时的密码"文本框中。打开文档的情形也类似，此时"密码"对话框多了一个"只读"按钮，在不知道密码的情况下可以只读方式打开。

（3）设置文件为"只读"属性。

将文件设置为只读文件可以通过以下步骤实现。

① 打开"常规选项"对话框（参见设置"打开权限密码"部分）。

② 勾选"建议以只读方式打开文档"复选框。

③ 单击"确定"按钮，返回"另存为"对话框。

④ 单击"保存"按钮，完成"只读"属性设置。

> **提示：**
>
> WPS 保护文档的方法是单击"文件/文档加密"命令，在弹出的窗口中设置保护文档参数。

9. 打印文档

打印文档的步骤具体如下。

① 单击"文件"菜单按钮，在弹出的窗口中单击"打印"命令，弹出"打印"设置窗口，如图 3-11 所示。

② 在"打印"设置窗口中选择打印份数、打印范围等。

③ 单击"打印"设置窗口中的"打印"  按钮即可开始打印。

打印范围包括"打印所有页"、"打印所选内容"、"打印当前页面"和"打印自定义范围"等选项，如果选择"打印自定义范围"选项，需要进一步设置打印的页码或页码范围。

在"打印"设置窗口右侧，可以预览文档的打印效果。

图 3-11　"打印"设置窗口

10．合并文档

合并文档除了使用传统的方法——剪切和粘贴，还可以采用下面所介绍的更加快捷、简单的方法。

① 首先建立一个空白 Word 文档，以便将需要合并的各个文档归入其中。

② 打开文档，单击"插入"选项卡，在"文本"组中单击"对象"下拉按钮，在打开的下拉菜单中选择"文件中的文字"选项，如图 3-12 所示。

图 3-12　"文件中的文字"选项

③ 弹出"插入文件"对话框，选择需要合并的文档（不要选择新建的文档），单击"插入"按钮即可完成文档合并，如图 3-13 所示。

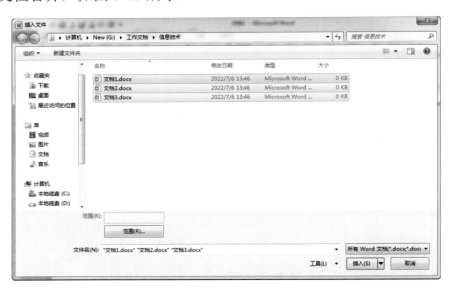

图 3-13　选择需要合并的文档

在选择文档时需要注意：如果想按照一定的顺序合并文档内容，那么就要按照该顺序选择文档。

11．类型转换

编辑文档时通常都会用到 WPS 文字或 Word 软件，但用这两款软件编辑的文档在不同的计算机上打开时容易产生"跑"版现象，因此，为了在打印、分享文档时保持文档格式、版式不变，在发送某些文档时需要将 Word 文档转为 PDF 格式。而 PDF 格式的文档编辑功能不是很强，需要将其转换为 Word 文档进行编辑。

Word 文档转换为 PDF 文档的方法如下。

① 打开需要转换格式的 Word 文档，单击"文件"→"另存为"命令，如图 3-14 所示。

② 在弹出的"另存为"对话框中选择保存路径，默认的保存类型为".docx"，单击"保存类型"下拉列表，选择"PDF"格式，单击"保存"按钮即可完成格式类型的转换，如图 3-15 所示。

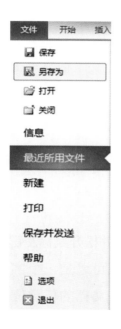

图 3-14　"另存为"选项　　　　　　　　　　图 3-15　另存为 PDF 文档

③ 文档转换完成，打开 PDF 文档，如图 3-16 所示。打开原 Word 文档，如图 3-17 所示，可核对转换结果。

图 3-16　PDF 文档　　　　　　　　　　图 3-17　原 Word 文档

说一说

文档加密保护的重要性。

3.1.3　查询、标注、修订文本信息

小华准备继续编辑"中国梦"宣传版面，本节将完成查询、标注、修订文本信息等工作，最终完成制作"中国梦"宣传栏的任务，并练习、巩固图文编辑软件的查询、标注、修订功能。

◆　**操作步骤**

1．选定文本

① 将鼠标定位到所要选定文本区的开始处。

② 按住鼠标左键，然后拖动鼠标到所要选定文本区的最后一个文字处并松开鼠标左键。

这样鼠标所拖动过的区域被选定，并以反白形式显示。文本选定区域可以是一个字符或标点，也可以是部分文档或整篇文档。如果要取消选定区域，可用鼠标单击文档的任意位置或按键盘上的方向键。

选定几段连续文本：首先单击选定区域的开始处，再配合滚动条将文本翻到选定区域的末尾，然后在按住【Shift】键的同时单击鼠标左键，则两次单击所覆盖范围内的文本被选定。

选定一个句子：先按住【Ctrl】键，再将鼠标定位到所选句子的任意处单击。

2．插入文本

① 选定插入点：移动鼠标至选定的位置并单击，或通过键盘的上、下、左、右方向键将插入点移至要插入文本的位置。

② 在插入点输入要插入的文本即可。

【注意】须确认当前文档处于"插入"方式还是"改写"方式。在"插入"方式下，只要将插入点移到需要插入文本的位置，输入新文本即可。插入文本时，插入点右边的字符和文字随着新文字的输入逐一向右移动。如果是在"改写"方式下，则插入点右边的字符或文字将被新输入的字符或文字所替代。

3．删除文本

① 选定删除点：移动鼠标至待删除字符或文字的左边并单击。

② 按【Delete】键，直到要删除的文本全部被删除为止。

此外，也可以将插入点移至待删除字符或文字的右边，然后按【Backspace】键。

删除几行或几段连续文本的快速方法是：选定要删除的文本，然后按【Delete】键。

如果删除之后想恢复所删除的文本，那么只要单击快速访问工具栏中的"撤销"按钮或按【Ctrl+Z】组合键即可。

4．移动文本

（1）使用剪贴板移动文本。

① 选定待移动的文本。

② 单击"开始"选项卡"剪贴板"组中的"剪切"按钮，此时所选定的文本被剪切并被保存在剪贴板中。

③ 将插入点移至文本拟移动到的新位置。

④ 单击"开始"选项卡"剪贴板"组中的"粘贴"按钮，所选定的文本便被移动到指定的新位置。

（2）使用鼠标左键拖动文本。

① 选定所要移动的文本。

② 将鼠标移至选定的文本区，使其指针变成指向左上角的箭头。

③ 按住鼠标左键，此时鼠标指针下方增加一个灰色的虚线矩形，并在箭头处出现一个竖线段（插入点），它表明文本要插入的新位置。

④ 拖动鼠标指针前的插入点到文本拟要移动到的新位置上并松开鼠标左键，即可完成文本的移动。

5．复制文本

（1）使用剪贴板复制文本。

① 选定所要复制的文本。

② 单击"开始"选项卡"剪贴板"组中的"复制"按钮，此时所选定文本的副本被临时保存在剪贴板中。

③ 将插入点移至文本拟要复制到的新位置。与移动文本操作相同，此新位置也可以在另一个文档中。

④ 单击"开始"选项卡"剪贴板"组中的"粘贴"按钮，则所选定文本的副本被复制到指定的新位置。

（2）使用快捷键复制文本。

① 选定所要复制的文本。

② 按【Ctrl+C】组合键，所选定文本的副本被临时保存在剪贴板中。

③ 将插入点移至文本拟要复制到的新位置。

④ 按【Ctrl+V】组合键，则所选定文本的副本被复制到指定的新位置。

6．查找文本

① 单击"开始"选项卡"编辑"组中的"查找"按钮，打开"导航"窗格，单击"搜索文档"文本框右侧的下拉按钮，选择"高级查找"选项，弹出"查找和替换"对话框，"查找"选项卡如图 3-18 所示，"替换"选项卡如图 3-19 所示。

图 3-18　"查找"选项卡　　　　　　　图 3-19　"替换"选项卡

② 在"查找"选项卡的"查找内容"文本框中输入要查找的文本。

③ 单击"查找下一处"按钮开始查找。当查找到文本后，则在工作区窗口内反白显示所找到的文本。

④ 如果此时单击"取消"按钮，则关闭"查找和替换"对话框，插入点停留在当前查找到的文本处；如果还需继续查找下一处，则需要再次单击"查找下一处"按钮，直至将整个文档查找完毕为止。

7．替换文本

① 单击"开始"选项卡"编辑"组中的"替换"按钮，打开"查找和替换"对话框，如图 3-19 所示，"替换"选项卡比"查找"选项卡多了一个"替换为"文本框。

② 在"查找内容"文本框中输入要查找的内容，例如，输入"电脑"。

③ 在"替换为"文本框中输入替换后的内容，例如，输入"计算机"。

④ 在输入需要查找和拟替换的文本并设置相应格式后，根据情况单击"替换"按钮、"全部替换"按钮或"查找下一处"按钮。

8. 高级查找与替换

① 在"查找和替换"对话框中，单击"更多"按钮，出现"搜索选项"选项区。

② 在"搜索"下拉列表中选择"全部"、"向上"或"向下"搜索方向。

③ 可根据需要，勾选"区分大小写""全字匹配""使用通配符""区分全/半角"等搜索选项。

"使用通配符"：勾选此复选框，可在要查找的文本中输入通配符，实现模糊查找。

如要查找特殊字符，则可单击"特殊格式"按钮，打开"特殊格式"列表，从中选择所需要的特殊格式字符。

"格式"按钮：可设置所要查找的指定的文本格式。

提示：

撤销与恢复

对于编辑过程中的误操作，可单击工具栏中的"撤销"按钮↺来挽回。

对于所撤销的操作，还可以通过"恢复"按钮↻来恢复。

---

9. 插入题注

① 鼠标选中要插入题注的地方，然后在工具栏中单击"引用"选项卡。

② 在"题注"组中单击"插入题注"选项，如图 3-20 所示。

图 3-20　"插入题注"选项

③ 在弹出的"题注"对话框中选择类型标签，如图 3-21 所示。如没有"表"标签，可以新建一个"表"标签，如图 3-22 所示。

图 3-21　"题注"对话框

图 3-22　新建标签

④ 单击"编号"按钮，在弹出的"题注编号"对话框中勾选"包含章节号"复选框，设置"章节起始样式"和"使用分隔符"，单击"确定"按钮返回"题注"对话框。单击"确定"按钮，完成插入题注操作，如图 3-23 所示。表格题注序号会根据章节自动更新。

图 3-23 设置题注编号

10. 校对、修订与批注文档

（1）文档校对。

① 打开需要校对的文档，单击"审阅"→"校对"组→"拼写和语法"选项，在出现的对话框中，程序会找到认为错误的拼写和语法，用小窗口显示，可以根据提示进行相关的操作，如图 3-24 所示。

图 3-24 文档校对

② 如果想在文档录入过程中实现即时校对，则需要进行设置。方法为：单击"文件"→"选项"选项，在打开的"Word 选项"对话框中单击"校对"选项，在设置页面中勾选相关的选项即可，如图 3-25 所示。

图 3-25　设置校对选项

（2）修订文档。

① 单击"审阅"→"修订"组→"修订"选项，文档下方的修订字样由原来的灰色变成黑色，如图 3-26 所示。

图 3-26　设置修订

② 在弹出的下拉列表中单击"修订"选项，随即进入修订状态，修订后系统将自动显示修改的作者，以及增、删、改的内容或格式修改，如图 3-27 所示。

图 3-27　"修订"选项

③ 在打开的"修订选项"对话框中，可以根据需要进行标记、移动、表单元格突出显示、格式、批注框等修订设置，如图 3-28 所示。

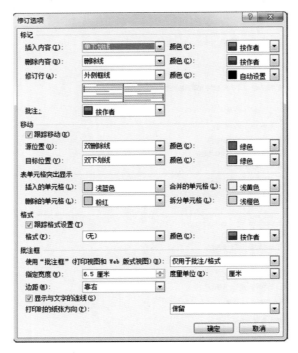

图 3-28　"修订选项"对话框

④ 对于修订的部分，可以根据需要选择接受修订或拒绝修订，如图 3-29 所示。接受修订即按照修订内容修改，拒绝修订则文本恢复原样。

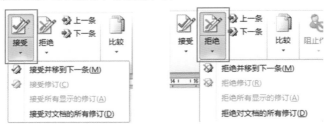

图 3-29　接受或拒绝修订

（3）插入和删除批注。

① 打开文档，选中所要批注的文字或段落，单击"审阅"→"批注"组→"新建批注"选项，如图 3-30 所示。

图 3-30　"新建批注"选项

② 在文本框中添加批注文本，即可完成插入批注操作，如图 3-31 所示。

③ 在批注文本上右击，在弹出的快捷菜中单击"删除"命令即可删除该批注，如图 3-32 所示。

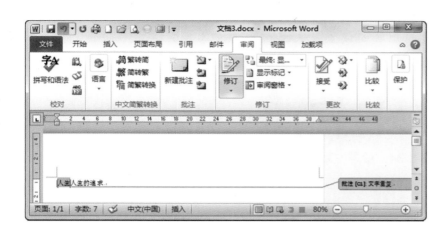

图 3-31　添加批注　　　　　图 3-32　删除批注

 说一说

在编辑、修订文档的过程中，如何体现严谨细致的工作态度？

任务 2　设置文本格式

◆　任务情景

今天小华接到了设计制作"生态文明"小贴士的任务，如图 3-33 所示。这个任务相对比较简单，请采用图文编辑软件 Word 来完成这项任务，并练习巩固利用图文编辑软件设置文本格式的技能。

> **生态文明**
>
> 　　生态文明，是指人类遵循人、自然、社会和谐发展这一客观规律而取得的物质与精神成果的总和；是指人与自然、人与人、人与社会和谐共生、良性循环、全面发展、持续繁荣为基本宗旨的文化伦理形态。
>
> 　　生态文明是人类文明的一种形态，它以尊重和维护自然为前提，以人与人、人与自然、人与社会和谐共生为宗旨，以建立可持续的生产方式和消费方式为内涵，以引导人们走上持续、和谐的发展道路为着眼点。生态文明强调人的自觉与自律，强调人与自然环境的相互依存、相互促进、共处共融，既追求人与生态的和谐，也追求人与人的和谐，而且人与人的和谐是人与自然和谐的前提。可以说，生态文明是人类对传统文明形态特别是工业文明进行深刻反思的成果，是人类文明形态和文明发展理念、道路和模式的重大进步。

图 3-33　"生态文明"小贴士样例

◆　**任务分析**

图文编辑软件设置的文本格式包括文字的字体、字号和颜色，字符间距、字宽度和水平位置，添加下画线、着重号、边框和底纹，格式的复制和清除等基本编辑技术。段落的排版包括左右边界、对齐方式、行间距与段间距等的设置及表格转换为文本等。

设置文本格式思维导图如图 3-34 所示。

图 3-34　设置文本格式思维导图

3.2.1　设置文字格式

本节将完成创建"生态文明"文档，输入相应文字和符号，设置文字格式，并练习巩固使用图文编辑软件设置字体、字形、字号和颜色，字符间距、字宽度和水平位置，给文本添加下画线、着重号、边框和底纹的技能。

◆　**操作步骤**

1．设置字体、字形、字号和颜色

（1）用"开始"选项卡的"字体"组选项设置文字格式。

① 选定要设置格式的文本。

② 单击"开始"选项卡"字体"组中的"字体" 宋体 下拉列表，在展开的字体列表中单击所需的字体。

③ 单击"开始"选项卡"字体"组中的"字号" 五号 下拉列表，在展开的字号列表中单击所需的字号。

④ 单击"开始"选项卡"字体"组中的"字体颜色" **A** 下拉按钮，展开颜色列表框，单击所需的颜色选项。

⑤单击"开始"选项卡"字体"组中的"加粗""倾斜""下画线""字符边框""字符底纹""字符缩放"等下拉按钮，为所选的文字设置相应格式。

（2）用"字体"对话框设置文字格式。

① 选定要设置格式的文本并右击，在弹出的快捷菜单中选择"字体"选项，打开如图 3-35 所示的"字体"对话框。

图 3-35　"字体"对话框

② 选定标题文字"生态文明",在"字体"对话框中单击"中文字体"下拉列表,选定所需字体,在"字形"和"字号"列表框中选定所需的字形为"常规"、字号为"五号"。

③ 单击"西文字体"下拉列表,可在打开的下拉列表中选定所需西文字体。

④ 单击"字体颜色"下拉下拉,可在打开的颜色列表中选定所需的颜色。

⑤ 在"预览"框中查看文字格式,确认后单击"确定"按钮。

⑥ 选定除标题之外的正文文字,将字体设置为"宋体",字形设置为"常规",字号设置为"小四"。

2. 改变字符间距、字宽度和水平位置

① 选定要调整格式的文本并右击,在弹出的快捷菜单中选择"字体"选项,打开"字体"对话框。

② 单击"高级"选项卡,设置以下选项。

● 缩放:可将文字在水平方向上进行扩展或压缩。

● 间距:通过调整"磅值",加大或缩小文字间距。

● 位置:通过调整"磅值",改变文字相对水平基线提升或降低显示的位置。

③ 在"预览"框中查看设置效果,确认后单击"确定"按钮。

3. 给文本添加下画线、着重号、边框和底纹

① 选定要设置格式的文本。

② 单击"开始"选项卡→"字体" 按钮,或者选择文本后右击,在弹出的快捷菜单中选择"字体"选项,打开"字体"对话框。

③ 在"字体"选项卡中，单击"下画线线型"列表框的下拉按钮，在打开的下拉列表中选择所需的下画线类型。

④ 单击"下画线颜色"下拉列表，选择所需的下画线颜色。

⑤ 单击"着重号"下拉列表，选择所需的着重号。

⑥ 单击"文字效果"按钮，打开"设置文本效果格式"对话框，如图 3-35 所示。分别单击"文本填充"和"文本边框"选项，选择需要的边框和填充效果即可。

⑦ 在"预览"框中查看设置效果，确认后单击"确认"按钮。

在"字体"选项卡中，还有一组"删除线""双删除线""上标""下标"等复选框，勾选相应的复选框可以得到相应的效果，其中的上标、下标在简单公式编辑中是很实用的。

4. 格式的复制和清除

（1）格式的复制。

① 选定已设置格式的文本。

② 单击"开始"选项卡"剪贴板"组中的"格式刷"按钮，此时鼠标变为"刷子"形状。

③ 将鼠标指针移到要复制格式的文本的开始处。

④ 拖动鼠标直到要复制格式的文本的结束处，松开鼠标即可完成格式的复制。

（2）格式的清除。

如果对于所设置的格式不满意，可以清除所设置的格式，恢复到 Word 默认的状态。清除格式的步骤如下。

① 选定需要清除格式的文本。

② 单击"开始"→"样式" 按钮，或按【Alt+Ctrl+Shift+S】组合键，在打开的"样式"列表框中选择"全部清除"选项，即可清除所选文本的格式。

另外，也可以直接用组合键清除格式，其操作步骤是：选定待清除格式的文本，按【Ctrl+Shift+Z】组合键即可。

说一说

结合汉字字体演变过程，谈一谈对"中国字是中国文化传承的标志"的理解。

3.2.2　段落的排版

本节将完成"生态文明"文档的段落排版工作，包括段落边界、对齐方式、行距、段间距等。

1．段落左右边界的设置

（1）使用"开始"选项卡"段落"组中的"减少缩进量"  按钮或"增加缩进量" 按钮，完成段落左右边界的设置。

① 选定要设置格式的段落。

② 单击"开始"选项卡"段落"组中的"减少缩进量" 按钮或"增加缩进量 "按钮，即可缩进或增加段落的左边界。

由于这种方法每次的缩进量是固定不变的，因此灵活性较差。

（2）使用"段落"对话框完成段落左右边界的设置。

① 选定拟设置左、右边界的段落。

② 单击"开始"→"段落" 按钮，打开"段落"对话框，如图 3-36 所示。

③ 在"缩进和间距"选项卡中，单击"缩进"组中的"左侧"或"右侧"文本框的增减按钮，可设置"左侧""右侧"缩进的字符数。

④ 单击"特殊格式"下拉列表，选择"首行缩进"、"悬挂缩进"或"无"，确定段落首行的缩进格式。

⑤在"预览"框中查看设置效果，确认后单击"确定"按钮；若排版效果不理想，则可单击"取消"按钮，取消本次设置。

图 3-36　"段落"对话框

2．设置段落对齐方式

（1）使用"开始"选项卡"段落"组中的对齐功能按钮 设置段落的对齐方式。

① 选定要设置对齐方式的段落。

② 在"开始"选项卡"段落"组中单击相应的对齐功能按钮 即可。

有"文本左对齐"、"居中"、"文本右对齐"、"两端对齐"和"分散对齐"五个对齐功能按钮，Word 默认的对齐方式是"两端对齐"。

③ 选定标题文字"生态文明"，将标题的对齐方式设置为"居中"。选定除标题文字之外的正文文字，将对齐方式设置为"文本左对齐"。

（2）用"段落"对话框设置对齐方式。

① 选定拟设置对齐方式的段落。

② 单击"开始"→"段落" 按钮，打开"段落"对话框。

③ 在"缩进和间距"选项卡中单击"对齐方式"下拉列表，选定相应的对齐方式。

④ 在"预览"框中查看设置效果，确认后单击"确定"按钮；若排版效果不理想，则可单击"取消"按钮，取消本次设置。

3．行距与段间距的设定

行距是指两行的距离，而不是两行之间的距离，即指当前行底端和上一行底端的距离，而不是当前行顶端和上一行底端的距离。段间距是指两段之间的距离。行距、段间距的单位可以是厘米、磅、当前行距的倍数。

初学者常通过按【Enter】键插入空行的方法来增加段间距或行距。实际上，可以通过"段落"对话框来精确设置段间距和行距。

（1）设置段间距。

① 选定要设置段间距的段落。

② 单击"开始"→"段落" 按钮，打开"段落"对话框。

③ 单击"缩进和行距"选项卡"间距"选项组中的"段前"和"段后"文本框的增减按钮，设定间距，每按一次增加或减少 0.5 行。"段前""段后"选项分别表示所选段落与上一段、下一段之间的距离。

④ 在"预览"框中查看设置效果，确认后单击"确定"按钮；若排版效果不理想，则可单击"取消"按钮，取消本次设置。

⑤ 选定标题文字"生态文明"，将标题的段间距设置为"段前""段后"各"0.5 行"。选定除标题文字之外的正文文字，将段间距设置为"段前""段后"各"0 行"；将"特殊格式"设置为"首行缩进"，"缩进值"设置为"2 字符"。

（2）设置行距。

① 选定要设置行距的段落。

② 单击"开始"→"段落" 按钮，打开"段落"对话框。

③ 在"缩进和行距"选项卡中单击"行距"下拉列表，选择所需的行距选项。

④ 在"设置值"框中可输入具体的设置值。

⑤ 在"预览"框中查看设置效果，确认后单击"确定"按钮；若排版效果不理想，则可单击"取消"按钮，取消本次设置。

⑥ 选定标题文字"生态文明"，将标题的行距设置为"单倍行距"。选定除标题文字之外的正文文字，将行距设置为"1.5 倍行距"。

4．项目符号和段落编号

编排文档时，在某些段落前加上数字编号或某种特定的符号（项目符号），可以有效提高文档的可读性。手工输入段落编号或项目符号不仅效率不高，而且在增加、删除段落时还需修改编号的前后顺序，容易出错。通常在图文编辑软件中，可以在输入时自动给段落创建编号或项目符号，也可以给已输入的各段文本添加项目编号或项目符号。

（1）在输入文本时自动创建项目符号或编号。

① 输入文本前，单击"开始"→"段落"组→"项目符号"⊞▾按钮或"编号"⊞▾按钮，在打开的下拉列表中选定一个项目符号或编号。

② 输入文本，当输入一段文字结束并按【Enter】键后，新段落开始处便自动添加同样的项目符号或编号。

③ 如果要结束自动添加项目符号或编号，可以按【Backspace】键删除插入点前的项目符号或编号，或再按一次【Enter】键即可。

在建立了编号的段落中，删除或插入某一段落时，其余的段落编号会自动修改。

（2）为已输入的各段文本添加项目符号或编号。

单击"开始"→"段落"组→"项目符号"⊞▾按钮或"编号"⊞▾按钮，可以为已有的段落添加项目符号或编号。

① 选定要添加项目符号（或编号）的段落。

② 单击"开始"→"段落"组→"项目符号"⊞▾按钮或"编号"⊞▾按钮，打开如图 3-37 所示的"项目符号库"窗口或如图 3-38 所示的"编号库"窗口。

图 3-37　"项目符号库"窗口　　　　图 3-38　"编号库"窗口

③ 在"项目符号库"（或"编号库"）窗口中，选定所需要的项目符号（或编号）即可。

④ 如果"项目符号"（或"编号"）列表中没有所需要的项目符号（或编号），可以单击"定

义新项目符号"（或"定义新编号格式"）选项，在弹出的对话框中选定或设置所需要的"符号项目"（或"编号"）即可。

 说一说

常见应用文对段落格式的要求。

3.2.3 版面设置

本节将进行"生态文明"文档的页面设置，包括纸张大小、页边距和纸张方向，插入分页符，插入页码、页眉和页脚等工作，完成"生态文明"小贴士的制作任务，并掌握分栏排版和添加水印技能。

◆ **操作步骤**

1．页面设置

纸张的大小、页边距确定了可用文本的区域。

文本区域的宽度等于纸张的宽度减去左、右页边距，文本区的高度等于纸张的高度减去上、下页的边距，如图 3-39 所示。

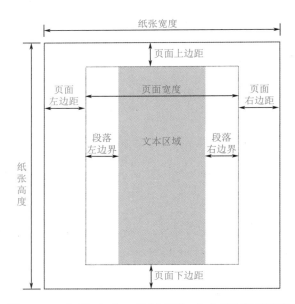

图 3-39　纸张大小、页边距和文本区域示意图

可通过"页面布局"选项卡"页面设置"组中的各项功能来设置纸张大小、页边距和纸张方向等，具体操作步骤如下。

① 单击"页面布局"→"页面设置"　按钮，打开如图 3-40 所示的"页面设置"对话框。

包含"页边距"、"纸张"、"版式"和"文档网络"四个选项卡。

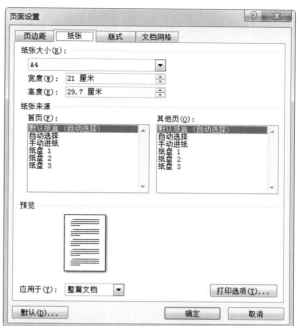

图 3-40　"页面设置"对话框

② 在"页边距"选项卡中，可以设置上、下、左、右边距和装订线、装订位置，以及纸张方向。将"页边距"中的"上"设置为"2.54"厘米，"下"设置为"2.54"厘米，"左"设置为"3.17"厘米，"右"设置为"3.17"厘米。将"纸张方向"设置为"纵向"。

③ 在"纸张"选项卡中，可以设置纸张大小，将"纸张大小"设置为"A4"。

④ 在"版式"选项卡中，可以设置页眉和页脚在文档中的编排，还可以设置节的起始位置、页面的垂直对齐方式等。

⑤ 在"文档网络"选项卡中，可以设置每一页中的行数和每行的字符数，还可以设置文字排列方向、分栏的数量和网格等。

⑥ 设置完成后，可在"预览"框中查看设置效果，确认后单击"确定"按钮，否则单击"取消"按钮。

2. 插入分页符

Word 具有自动分页的功能。但有时为了将文档的某一部分内容单独形成一页，可以插入分页符进行人工分页。

插入分页符的步骤如下。

① 将插入点移至新的一页的开始位置。

② 按【Ctrl + Enter】组合键；或单击"插入"→"页"组→"分页"按钮；或单击"页

面布局"→"页面设置"组→"分隔符"按钮，在打开的下拉列表中选择"分页符"选项。

在页面视图下，人工分页符是一条水平虚线。如果想删除分页符，只要把插入点移到人工分页符的水平虚线中，然后按【Delete】键即可。

3．插入页码

插入页码的具体步骤如下。

① 单击"插入"→"页眉和页脚"组→"页码"按钮。

② 打开"页码"下拉菜单，根据需要在下拉菜单中选定页码的位置即可。

只有在页面视图和打印预览方式下可以看到插入的页码，在其他视图下页码均为不可见。

4．页眉和页脚

页眉和页脚是设置在文本顶部和底部的注释性文字或图形。

（1）建立页眉（建立页脚的过程与此类似）。

① 单击"插入"→"页眉和页脚"组→"页眉"选项，打开"页眉"下拉列表。如果在草稿视图或大纲视图下执行此操作，则会自动切换到页面视图。

② 在"页眉"下拉列表中选择所需要的页眉版式，并输入页眉内容。当选定页眉版式后，Word 窗口中会自动添加一个名为"页眉和页脚工具"的选项卡并使其处于激活状态，此时，仅能对页眉内容进行编辑操作。

③ 如果内置的"页眉"下拉列表中没有所需要的页眉版式，可以单击"页眉"下拉列表下方的"编辑页眉"命令，直接进入"页眉"编辑状态，输入页眉内容，并可在"页眉和页脚工具"选项卡中设置页眉的相关参数。将页眉设置为"生态文明"并"居中"对齐。

④ 单击"关闭页眉和页脚"按钮，完成设置并返回文档编辑区。这时，整个文档的各页都具有同一格式的页眉。

（2）建立奇偶页不同的页眉。

在文档排版过程中，有时需要建立奇偶页不同的页眉，其建立步骤如下。

① 单击"插入"→"页眉和页脚"组→"页眉"按钮，在打开的下拉列表中单击"编辑页眉"选项，进入页眉编辑状态。

② 勾选"页眉和页脚工具"选项卡"选项"组中的"奇偶页不同"复选框，这样便可以分别编辑奇偶页的页眉内容。

③ 单击"关闭页眉和页脚"按钮，设置完毕。

（3）页眉和页脚的删除。

① 单击"插入"→"页眉和页脚"组→"页眉"按钮，在打开的下拉菜单中单击"删除页眉"选项，即可删除页眉。

② 单击"插入"→"页眉和页脚"组→"页脚"按钮，在打开的下拉菜单中单击"删除页脚"选项，即可删除页脚。

另外，选定页眉（或页脚）并按【Delete】键，也可删除页眉（或页脚）。

> **提示：**
>
> 　页码是页眉/页脚的一部分，要删除页码必须进入页眉/页脚编辑区，选定页码后按【Delete】键。

5．分栏排版

分栏使版面显得更加生动、活泼，且增强可读性。通过"页面布局"→"页面设置"组→"分栏"选项，可以实现文档的分栏，具体操作步骤如下。

① 如果要对整个文档分栏，则将插入点移到文本的任意处；如果要对部分段落分栏，则应先选定这些段落。

② 单击"页面布局"→"页面设置"组→"分栏"选项，打开"分栏"下拉列表，单击所需格式的分栏选项即可。

③ 若"分栏"下拉列表中所提供的分栏格式不能满足要求，则可单击"分栏"下拉列表中的"更多分栏"选项，打开如图 3-41 所示的"分栏"对话框。

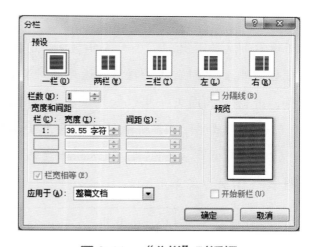

④ 选定"预设"选项组中的分栏格式，或在"栏数"文本框中输入分栏数，可在"宽度和间距"选项组中设置栏的宽度和间距。

⑤ 勾选"栏宽相等"复选框，则各栏宽度相同，也可以逐栏设置宽度。

⑥ 勾选"分隔线"复选框，可以在各栏之间增加一条分隔线。

图 3-41　"分栏"对话框

⑦ "应用于"下拉列表有"整个文档""所选文字""插入点之后"等选项，可以根据具体情况选定后单击"确定"按钮。

6．水印、页面边框

"水印"是页面背景的形式之一。设置"水印"的具体方法如下。

① 单击"页面布局"→"页面背景"组→"水印"按钮，在打开的"水印"下拉列表中选择所需的水印即可。

② 若"水印"下拉列表中的水印选项不能满足要求，则可单击"水印"下拉列表中的"自定义水印"选项，打开"水印"对话框，可进一步设置水印参数。

③ 单击"确定"按钮完成设置。

④ 为文档设置黑色虚线边框，将文档的底纹设置为"浅绿色"。

说一说

页面设置的哪些优化操作能体现环保意识？

任务 3　制作表格

在日常生活及工作中，经常可以看到各种表格，如课程表、简历表、调查表、计划表等。Word 是一个智能化的办公软件，它提供了强大的表格功能，用户可以制作、编辑和使用各种表格。

◆　任务情景

新学期就要开始了，今天小华接到了设计制作"课程表"和编辑计算"学生成绩单"的任务。这项任务需要用到表格的操作、排序和计算功能，小华准备使用图文编辑软件 Word 来完成这项任务，并练习巩固文字编辑软件表格的操作、排序和计算技能。

（1）制作如图 3-42 所示的课程表，要求使用 Word 制表功能绘制。

（2）编辑计算如图 3-43 所示的学生成绩单，按数学成绩进行排序，计算每个学生的总分，并将表格转换为文本形式。

节 星期	上　午				下　午			
	1	2	3	4	5	6	7	8
一	政治	数学	外语	历史	听力	化学	物理	自习
二	化学	地理	历史	物理	数学	外语	体育	自习
三	数学	外语	化学	地理	体育	信息	语文	自习
四	历史	语文	外语	信息	数学	政治	化学	自习
五	语文	化学	历史	外语	物理	数学	班会	

图 3-42　课程表

姓名＼学科	英　语	数　　学	语　文	总　分
马小余	92	65	78	
黄　娟	72	69	76	
闻　从	81	89	80	

图 3-43　学生成绩单

◆　**任务分析**

在"课程表"及"学生成绩单"中都用到了 Word 制表功能，本任务将通过以下 5 个阶段完成。本任务主要包含创建表格、编辑表格、修饰表格、表格排序、表格计算这五个阶段。

制作表格思维导图如图 3-44 所示。

图 3-44　制作表格思维导图

3.3.1　制作"课程表"

设计制作"课程表"任务只涉及表格和文字的编辑，相对简单，小华决定采用文字编辑软件 Word 来完成这项任务。该任务包括创建"课程表"文档、插入表格、设置表格的行高和列宽、绘制斜线表头、设置单元格对齐方式、输入表格内容、修饰表格等工作，并练习巩固文字编辑软件的表格编辑技能。

◆　**操作步骤**

制作如图 3-42 所示的"课程表"，具体步骤如下。

① 单击"文件"菜单按钮，选择"新建"选项，打开"新建文档"任务窗口，单击"空白文档"→"创建"按钮，新建一个空白文档。

② 将插入光标定位在需要插入表格的位置，单击"插入"选项卡"表格"组中的"表格"按钮，在打开的"插入表格"下拉列表中单击"插入表格"选项，打开"插入表格"对话框，如图 3-45 所示。

③ 设置表格的参数。在"列数"和"行数"两个文本框中分别输入"9"和"7"，单击"确定"按钮，就可

图 3-45　"插入表格"对话框

以生成所需的表格。

④ 设置表格的行高和列宽。选定整个表格，单击"表格工具"→"布局"→"表"组→"属性"选项，打开"表格属性"对话框，将行高设置为"1厘米"，列宽设置为"1.5厘米"，如图3-46所示。

⑤ 合并单元格。选定表格第1列的第1行和第2行两个单元格，然后单击"表格工具"→"布局"→"合并"组→"合并单元格"选项，将其合并为一个单元格。采用同样的方法将第一行的第2、3、4、5列合并为一个单元格，将第6、7、8、9列合并为另一个单元格。

图3-46 "表格属性"对话框

⑥ 绘制斜线表头。将鼠标指针定位到表格的第1行第1列，然后单击"插入"→"表格"组→"表格"按钮，在打开的下拉列表中单击"绘制表格"选项，如图3-47所示，使用该工具绘制斜线表头。

图3-47 "绘制表格"菜单

⑦ 设置单元格对齐方式。选择表格并单击鼠标右键，在弹出的快捷菜单中选择"表格属性"选项，打开"表格属性"对话框，切换到"单元格"选项卡，设置"居中"对齐，如图3-48所示。

⑧ 输入表格内容。设置字体、字号、对齐方式、颜色等之后，便可以输入表中的文字。也可以先输入表中的文字内容，再进行字体、字号、对齐方式和颜色等设置。

⑨ 修饰表格。选择表格并单击鼠标右键，在弹出的快捷菜单中选择"边框和底纹"选项，打开"边框和底纹"对话框，如图3-49所示。切换到"边框"选项卡，单击"设置"选项组中的"全部"并设置样式、颜色和宽度等，单击"确定"按钮，一张课程表就制作好了。

图 3-48　"单元格"选项卡

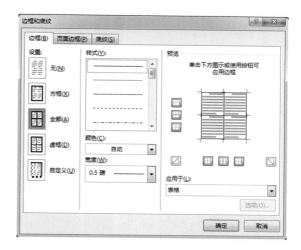

图 3-49　"边框和底纹"对话框

⑩ 还可根据自己的喜好继续进行"底纹"的添加，方法同上。

 说一说

什么情况下更适合使用表格？

3.3.2　编辑计算"学生成绩单"

编辑计算"学生成绩单"任务只涉及表格的排序和计算，相对简单，小华决定采用文字编辑软件 Word 来完成这项任务。首先创建"学生成绩单"文档、插入表格、设置格式、输入内容，这些工作小华在上节完成"课程表"制作过程中已掌握，再对表格数据进行排序、计算，最后将表格转换为文本，完成这项任务。

◆ **操作步骤**

1. 对表格数据进行排序

Word 表格提供了排序和计算功能，使表格的使用更加方便，功能更加强大。下面以表 3-3 所示的学生成绩表为例，介绍如何进行排序。

表 3-3　学生成绩表

姓名＼学科	英语	数学	语文	总分
马小余	92	65	78	
闻　从	81	89	80	
黄　娟	72	69	76	

图 3-50 "排序"对话框

① 用鼠标指针选中表格第 2～4 行。

② 单击"表格工具"→"布局"→"数据"组→"排序"选项，打开"排序"对话框，如图 3-50 所示。

③ 在"主要关键字"下拉列表中选择排序的依据，这里选择"数学"列。在"类型"下拉列表中选择"数字"。选择排序的顺序，当按照主要关键字排序时，如果两个记录的主要关键字相同，可以根据次要关键字进行排序，然后依次根据第三关键字进行排序。

④ 选择"升序"单选按钮，单击"确定"按钮，则按所选要求排序，如表 3-4 所示。

表 3-4 按数学成绩排序的学生成绩表

姓名＼学科	英语	数学	语文	总分
马小余	92	65	78	
黄 娟	72	69	76	
闻 从	81	89	80	

2．对表格中的数据进行计算

在学习和工作中经常需要对表格内的数据进行计算，如求和、求平均数、求最大值及最小值等。下面通过表 3-4 来介绍表格内的数据计算。

① 将鼠标指针定位到存放结果的单元格中，如"总分"下面的第一行。

② 单击"表格工具"→"布局"→"数据"组→"公式"按钮，打开"公式"对话框，如图 3-51 所示。

图 3-51 "公式"对话框

③ 在"公式"文本框中输入计算公式"=SUM(LEFT)"，也可以从"粘贴函数"下拉列表中选择需要的函数，最后单击"确定"按钮，得到如表 3-5 所示的计算结果。

表 3-5 计算总分的学生成绩表

姓名＼学科	英语	数学	语文	总分
马小余	92	65	78	235
黄 娟	72	69	76	217
闻 从	81	89	80	250

3. 表格与文本的转换

表格和文本之间可以进行转换，下面以表 3-6 为例，介绍如何将表格转换成文本。

表 3-6　学生成绩表

姓名	英语	数学	语文	总分
马小余	92	65	78	235
黄　娟	72	69	76	217
闻　从	81	89	80	250

① 将鼠标指针定位到需要转换的表格中任意的位置。

② 单击"表格工具"→"布局"→"数据"组→"转换为文本"选项，打开"表格转换成文本"对话框，如图 3-52 所示。

③ 选择一种文字分隔符，单击"确定"按钮，表格被转换成文本，如图 3-53 所示。

同样，如果文本之间规则地用制表符、逗号等字符分开，也可以使用相反的方法将文本转换成表格。

图 3-52　"表格转换成文本"对话框

姓名	英语	数学	语文	总分
马小余	92	65	78	235
黄　娟	72	69	76	217
闻　从	81	89	80	250

图 3-53　表格转换成文本

说一说

表格计算对提高工作效率的帮助有哪些？

任务 4　绘制图形

Word 提供了绘制图形的功能，可以在文档中绘制各种线条、基本图形、箭头、流程图、星、旗帜、标注等。对绘制出来的图形还可以设置线型、线条颜色、文字颜色、图形或文本的填充效果、阴影效果、三维效果线条端点风格等。

◆ **任务情景**

小华目前在企业实习，今天小华接到了设计绘制企业"采购入库管理流程图"和"公司组织结构简化图"的任务。这个任务需要用到绘制流程图和绘制逻辑图功能，采用文字编辑软件Word 来完成这项任务，并练习巩固文字编辑软件的图表绘制技能，顺便练习一下绘制数学公式图。

◆ **任务分析**

通过运用 Word 基本图形模块，学习绘制基本图形、流程图及图形的组合；学会使用 SmartArt 绘制企业组织结构图；学会利用 Word 提供的公式编辑器，绘制数学公式图。

在用 Word 绘制图形时，通过绘制形状图：包括图形的创建与调整、图形中添加文字等；图形格式设置：包括图形的颜色、线条、效果、版式；图形的叠放次序；图形的组合来完成本任务。绘制图形思维导图如图 3-54 所示。

图 3-54　绘制图形思维导图

3.4.1　绘制"形状图"

小华为了完成绘制企业"采购入库管理流程图"和"公司组织结构简化图"的任务，首先需要学习文字编辑软件的绘图功能，包括图形的创建，添加文字、颜色、线条、效果、叠放次序和组合等，并练习巩固文字编辑软件的绘图技能。

◆ **操作步骤**

1．图形的创建

图形的创建步骤如下。

① 单击"插入"选项卡"插图"组中的"形状"按钮。

② 在弹出的下拉列表中选择所要绘制的图形，如图 3-55 所示。

③ 在编辑工作区中会出现一个"+"图标，按住鼠标左键拖动就会出现需要的图形。

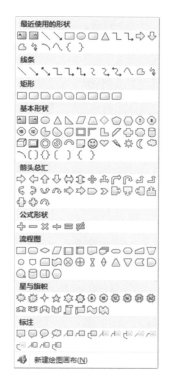

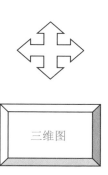

三维图

图 3-55　"形状"下拉列表及图形示例

注意：

用鼠标指向图形对象并单击即可选定图形对象。选定的对象周围会出现可调节图形大小的小方块，用鼠标拖动这些小方块可以改变图形的大小。当鼠标指针移到所选定的图形且指针形状变成十字形箭头时，拖动鼠标可以改变图形的位置。

2．图形中添加文字

图形中添加文字的步骤如下。

① 将鼠标移到要添加文字的图形上并右击，弹出快捷菜单。

② 单击快捷菜单中的"添加文字"命令。此时插入点移到图形内部，在插入点之后输入文字即可，图形中添加的文字将与图形一起移动。同样，可以用前面所述的方法，对文字格式进行编辑和排版。

3．图形的颜色、线条、三维效果

图形的颜色、线条、三维效果设置步骤如下。

在图形对象上右击，从弹出的快捷菜单中选择"设置形状格式"选项，打开"设置形状格式"对话框，如图 3-56 所示。在该对话框中可以为封闭图形填充颜色，为图形的线条设置线型和颜色，为图形对象添加阴影或产生立体效果等。如图 3-57 所示展示了几种图形效果。

Word 2016 窗口

Word 2010 窗口

图 3-56 "设置形状格式"对话框

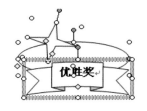

图 3-57 几种图形效果

图 3-58 "绘图"快捷菜单

③ 单击"组合"命令。

如图 3-59 展示了形状组合图示例，组合后的所有图形成为一个整体图形对象，可以整体地进行移动和旋转。

4．调整图形的叠放次序

调整图形的叠放次序的步骤如下：

① 选定要确定叠放关系的图形对象并右击。

② 弹出如图 3-58 所示的快捷菜单。

③ 根据需要选择"置于顶层""置于底层"选项及其子菜单选项。

5．多个图形的组合

多个图形的组合步骤如下。

① 选定要组合的所有图形对象并右击。

② 弹出如图 3-58 所示的快捷菜单。

图 3-59 形状组合图示例

💬 **说一说**

绘制图形过程中如何体现创造性思维？

3.4.2　绘制"逻辑图表"

学习了文字编辑软件的绘图功能后，小华先完成设计绘制企业"采购入库管理流程图"的任务，任务需要用到绘制形状图中的流程图和绘制逻辑图表功能，包括图形的创建、添加文字、颜色、线条、效果、叠放次序和组合，并练习巩固文字编辑软件的绘图技能。

再完成绘制"公司组织结构简化图"的任务，这个任务需要用到 SmartArt 绘制逻辑图，包括插入 SmartArt 中的层次结构图、添加形状、编辑文字、设置 3D 式样等，并练习巩固文字编辑软件的 SmartArt 绘图技能。

◆　**操作步骤**

1．流程图的制作

在学习和工作中，可能需要描述某项工作的流程。对于复杂的流程，绘制流程图是一种很好的表达方式，图形的直观性会使用户一目了然。下面将学习库存管理中"采购入库管理流程图"的绘制，如图 3-60 所示。

① 绘制流程图框架，也就是画出流程图中的各种图形。单击"插入"选项卡"插图"组中的"形状"按钮，在弹出的下拉列表的"流程图"组中选择"流程图"工具。

② 选择图形工具后，可以在任意位置拖动鼠标指针画出图形并调整图形大小。

③ 右击选中的图形，在弹出的快捷菜单中选择"添加文字"选项，在图形中输入文字"采购员"，调整文字的位置。

④ 使用同样的方法绘制出其余图形并摆放在合适的位置，如图 3-61 所示。

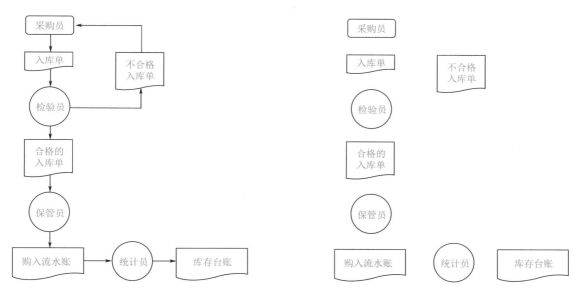

图 3-60　**采购入库管理流程图**　　　　　图 3-61　**未完成的流程图**

⑤ 对齐图形。单击"开始"选项卡"编辑"组中的"选择"选项，在打开的下拉列表中选择"选择对象"命令，将"采购员"一列的图形选中，单击"左右居中"命令，将所有选中的图形水平居中对齐。用同样的方法将最后一行图形选中，选择"底端对齐"选项，将所有选中的图形底端对齐。

⑥ 使用"绘图工具"→"格式"→"插入形状"组中的"箭头""直线"等选项，画出相关两个图形间的连接，如果需要微移画出的箭头或直线，可使用【Ctrl+↑】【Ctrl+↓】【Ctrl+←】【Ctrl+→】组合键。

2. 逻辑图表的制作

逻辑图表用来表示对象之间的从属关系、层次关系等。通常文字编辑软件提供了典型的逻辑图表，Word 软件中的 SmartArt 提供了七类逻辑图表，分别为列表、流程、循环、层次结构、关系、矩阵和棱锥图。用户可以根据自己的需要创建不同的图形。

图 3-62　公司组织结构简化图

下面将以绘制某公司的组织结构图为例，学习使用 SmartArt 绘制逻辑图，公司组织结构简化图如图 3-62 所示。

① 单击"插入"→"插图"组→"SmartArt"选项，打开"选择 SmartArt 图形"对话框，如图 3-63 所示。

② 选择"层次结构"类型中的"组织结构图"，如图 3-64 所示。

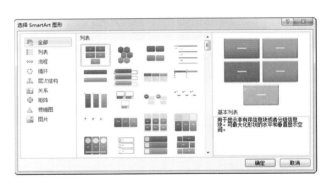

图 3-63　"选择 SmartArt 图形"对话框

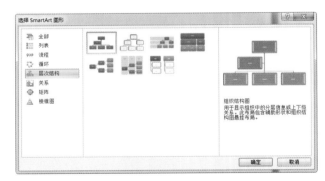

图 3-64　选择"组织结构图"

③ 单击"确定"按钮，生成组织结构过程图，如图 3-65 所示，可以进行添加形状、编辑文字等操作。

④ 单击"SmartArt 工具"→"设计"→"创建图形"组→"文本窗口"选项，打开文本编辑窗口，将公司的部门信息输入列表中，选中"总经理"后单击"升级"按钮，将总经理升级，也可以进行降级操作。文本编辑窗口操作过程如图 3-66 所示。

⑤ 生成公司组织结构图后，可以修改 SmartArt 样式。3D 样式组织结构图如图 3-67 所示。

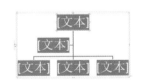

图 3-65　组织结构过程图

图 3-66　文本编辑窗口操作过程

图 3-67　3D 样式组织结构图

说一说

组织结构图在企业中的作用。

3.4.3　输入"公式"

小华完成了绘制企业"采购入库管理流程图"和"公司组织结构简化图"的任务后，看到在插入选项卡中有"公式"按钮，想起来有几次遇到需要输入数学公式的情况，想顺便学习公式编辑器的使用，方便以后编辑公式。小华选择了输入如图 3-68 所示的数学公式，练习编辑公式技能，下面将介绍输入该公式的方法。

$$y^2 = 2p\sqrt{x^2 + z^2}$$

图 3-68　数学公式

◆　操作步骤

①　将插入光标定位到插入公式处，单击"插入"→"符号"组→"公式"选项，出现公式编辑框，同时出现"公式工具"选项卡，如图 3-69 所示。

图 3-69　"公式工具"选项卡

② 输入公式内容。在"公式工具"选项卡"结构"组中单击"上下标"按钮，选择对应的上标，输入"y^2"，将鼠标指针下移，输入"$=2p$"。

③ 输入公式中的根号。在"公式工具"选项卡"结构"组中单击"根式"按钮，选择根号 即可。

④ "x^2+z^2"的输入方法同上。

⑤ 调整公式大小。用鼠标选中公式，当鼠标指针变成双向箭头时，可拖动鼠标进行调整，如图 3-70 所示。

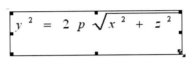

图 3-70　调整公式大小

说一说

使用公式能够解决图文编辑的哪些问题？

◆　**探究与实践**

用 WPS 办公软件完成"绘制形状图""逻辑图表""公式编辑器"格式的设置任务。

任务5　编排图文

图书出版、论文发表、总结报告等编辑图文的工作是非常重要的。版面设计的美观程度将直接影响阅读者的情绪和效率。精美的版面设计会使阅读者心情愉悦，提高阅读效率；相反，版面设计不合理，容易使阅读者产生疲劳感。常用的图文编辑软件功能非常强大且灵活多样，因此在办公自动化和桌面印刷系统中的应用日益广泛。

◆　**任务情景**

今天小华接到了招生处布置的编排"中国科技——北斗卫星导航系统"介绍文档和批量制作"录取通知书"的任务，如图 3-71 所示。这两个任务需要用到图文版式编排、自动生成目录和邮件合并功能，采用文字编辑软件 Word 来完成这项任务，并练习巩固文字编辑软件的版式编辑、自动生成目录和批量制作文档等技能。

（1）制作如图 3-71（a）所示的图书排版样例。纸张大小为 A4，页边距上、下各为 2.53 厘米，左、右各为 3.17 厘米，要求每章首页无页眉，正文奇偶页的页眉不同，奇数页的页眉为"中国科技"，偶数页的页眉为"第 1 章　北斗卫星导航系统"，页码位于页面底端，自动生成目录，其余设置详见操作流程。

（2）通过邮件合并功能批量制作录取通知书，样例如图 3-71（b）所示。

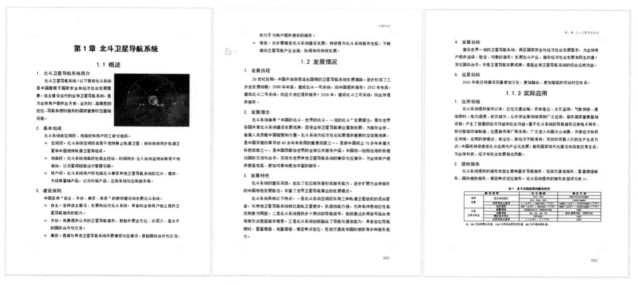

① 章首页　　　　　　　② 正文奇数页　　　　　　　③ 正文偶数页

（a）图文排版"中国科技——北斗卫星导航系统"样例

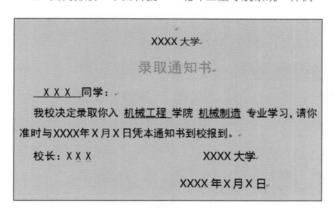

（b）录取通知书样例

图 3-71　任务样例

◆　**任务分析**

本任务分以下四个阶段完成。（1）要运用的基本设置包括：字体格式设置、段落格式设置、新建样式、样式使用；（2）其他设置包括：页面设置、插入页码、插入页眉页脚；（3）自动生成目录的设置包括：设置标题（样式）、修改标题（样式）格式、选择目录样式；（4）批量制作录取通知书的设置包括：制作信息表和 Word 模板、选择收件人、编辑收件人列表完成邮件合并。

编排图文思维导图如图 3-72 所示。

图 3-72　编排图文思维导图

3.5.1　基本设置

小华开始了"中国科技——北斗卫星导航系统"介绍文档的编辑工作，首先需要完成文档的基本设置，包括设置章标题、节标题、正文、项目符号、样式等，并练习巩固文字编辑软件的版式编辑技能。

在图书排版中，标题、文本格式的设置是最基本的，也是经常需要使用的。图书排版样例的制作步骤如下。

① 章标题设置。选中章标题文本，使用"开始"选项卡中的"格式"按钮将字体格式设置为"黑体"，将字号设置为"二号"，将字形设置为"加粗"，将对齐方式设置为"居中"。单击"开始"→"段落" 按钮，打开"段落"对话框，设置"段前""段后"的间距为"24 磅"，将"行距"设置为"单倍行距"，如图 3-73 所示。

图 3-73　"段落"对话框

② 节标题设置。选中节标题文本，将字体设置为"黑体"，将字号设置为"三号"，将对齐方式设置为"居中"，将"段前""段后"间距设置为"6"磅，将"行距"设置为"单倍行距"。

③ 小节标题设置。选中小节标题文本，将字体设置为"黑体"，将字号设置为"四号"，将"段前""段后"间距设置为"6"磅，将特殊格式设置为"首行缩进"，将缩进磅值设置为"2 字符"，将"行距"设置为"单倍行距"。

④ 正文"字体""字号"设置为"宋体""五号"，将特殊格式设置为"首行缩进"，并将缩进磅值设置为"2 字符"，将正文的对齐方式设置为"两端对齐"，将行距设置为"1.5 倍行距"。

⑤ 图片格式设置。单击正文中的图片，出现"图

片工具 格式"选项卡，单击"排列"组中的"文字环绕"按钮，在弹出的下拉菜单中选择"四周型"选项，拖曳图片至第 1 小节文字内容的右侧位置。

⑥ 添加项目符号。选中要添加项目符号的文本，单击"开始"选项卡"段落"组中的"项目符号" 按钮，在打开的"项目符号库"下拉列表中选择合适的"项目符号"即可，"项目符号库"对话框如图 3-74 所示。

⑦ 创建新样式。浏览上述设置的效果，确认满意后，可以为上述章标题设置建立一个新样式，以便用于后面的文本格式设置。操作方法是：单击"开始"选项卡中的"样式" 按钮，在打开的"样式"窗口中单击"新建样式"按钮，打开"根据格式设置创建新样式"对话框，如图 3-75 所示。

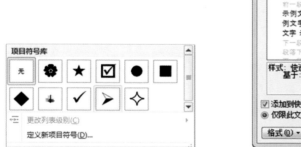

图 3-74　"项目符号库"对话框　　　　图 3-75　"根据格式设置创建新样式"对话框

⑧ 填写样式名称为"章标题"，选择样式类型等内容，并勾选"添加到快速样式列表"和"自动更新"复选框，单击"确定"按钮。

⑨ 节标题、小节标题、章首页正文及正文样式的建立与章标题样式的建立过程相同，此处不再赘述。

⑩ 将新建样式应用于后面的文本格式设置，方法是选中要应用样式的文本，单击"开始"选项卡中的"样式" 按钮，在打开"样式"窗口中选择要应用的样式名称即可。

⑪ 设置表题文字的字体、字号为"黑体""五号"；对齐方式为"居中"；段前、段后设置为"6 磅""3 磅"；行距设置为"15 磅"。

⑫ 设置表的宽度为"14.5 厘米"，表头文字的字体、字号为"黑体""小五号"；在"字体"

对话框中选择"高级"选项卡，在"位置"下拉列表中选择"提升"选项，"磅值"文本框输入"3 磅"；对齐方式为"居中"；段前、段后设置为"0 行""0 行"；行距设置为"18 磅"。

⑬ 设置表格文字的字体、字号为"宋体""小五号"；在"字体"对话框中选择"高级"选项卡，在"位置"下拉列表中选择"提升"选项，"磅值"文本框输入"3 磅"；对齐方式设置为"居中"；段前、段后设置为"0 行""0 行"；行距设置为"18 磅"。设置完成效果图如图 3-76 所示。

表1　北斗系统提供的服务类型

服 务 类 型		信 号 频 段	播 发 手 段
全球范围	定位导航授时	B1I、B3I	3GEO+3IGSO+24MEO
		B1C、B2a、B2b	3IGSO+24MEO
	全球短报文通信	L（上行）、GSMC-B2b（下行）	14MEO（上行）、3IGSO+24MEO（下行）
	国际搜救	UHF（上行）、SAR-B2b（下行）	6MEO（上行）、3IGSO+24MEO（下行）
中国及周边地区	星基增强	BDSBAS-B1C、BDSBAS-B2a	3GEO
	地基增强	2G、3G、4G、5G	移动通信网络、互联网络
	精密单点定位	PPP-B2b	3GEO
	区域短报文通信	L（上行）、S（下行）	3GEO

注：GEO 为地球静止轨道，IGSO 为倾斜地球同步轨道，MEO 为中圆地球轨道。

图 3-76　表格的排版

说一说

设置标题样式对提高编辑效率的影响。

3.5.2　设置页面

小华完成了标题、文本格式等基本设置后，开始"中国科技——北斗卫星导航系统"介绍文档的页面编辑工作，需要用到图文编辑软件的页面设置功能，包括设置纸张大小、页边距、页码、页眉等，并练习巩固文字编辑软件的页面编辑技能。具体操作步骤如下。

① 页面设置。单击"页面布局"→"页面设置"组→"页边距"→"自定义边距"按钮，打开"页面设置"对话框，上、下页边距设置为"2.53 厘米"，左、右边距设置为"3.17 厘米"，纸张大小设置为"A4"。

② 插入页眉。把插入光标定位在正文偶数页，单击"插入"→"页眉和页脚"组→"页眉"按钮，进入页眉编辑模式，页眉编辑窗口如图 3-77 所示，按要求输入页眉内容。

第1章 北斗卫星导航系统

图 3-77　页眉编辑窗口

③ 插入页码。单击"插入"→"页眉和页脚"组→"页码"按钮，弹出"页码"下拉菜单，如图 3-78 所示。单击"设置页码格式"选项，在打开的"页码格式"对话框中设置页码格式，也可在"页码"下拉菜单中通过"页面顶端"或"页面底端"等子菜单进行页码设置。

④ 设置页眉和页码时，在如图 3-79 所示的"页眉和页脚工具"选项卡中勾选"奇偶页不同"复选框。

图 3-78　"设置页码格式"选项　　　　图 3-79　"页眉和页脚工具"选项卡

⑤ 正文奇数页的页眉设置方法同上。

WPS 文字编辑软件的设置方法与之相似。

说一说

页眉规范设置的应用案例。

3.5.3　自动生成目录

简单来说，目录就是直达正文内容的链接，长文档中必不可少的一部分就是目录，特别是图书、论文、书籍、报告等。由于文档中的内容较多，通常会将其分成很多章节，而每章节下又分有小节。这些章节标题和小节标题就是目录的重要组成部分。

小华现在开始编辑"中国科技——北斗卫星导航系统"介绍文档的目录，需要用到图文编辑软件的自动生成目录功能，包括插入页码、设置标题（样式）级别和插入目录 3 个步骤，并练习巩固文字编辑软件的目录编辑技能。具体操作步骤如下。

① 单击"插入"→"页眉和页脚"组→"页码"按钮，弹出"页码"下拉菜单，根据需要为文档插入页码并进行相关设置，如图 3-80 所示。

② 选中需要设置为目录的标题，然后单击"开始"→"样式"组→"标题 1"按钮（或打

开"样式"窗口，为其设置样式），如图 3-81 所示。设置完成后，将光标插入正文中其他一级标题前，单击"样式"组中的"标题 1"按钮，一级标题格式就修改成功了。然后用同样的方式，对文中的二级标题、三级标题等进行设置，分别设为"标题 2""标题 3"，以此类推。

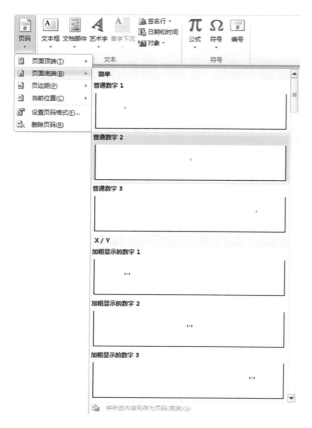

图 3-80　"页码"下拉菜单

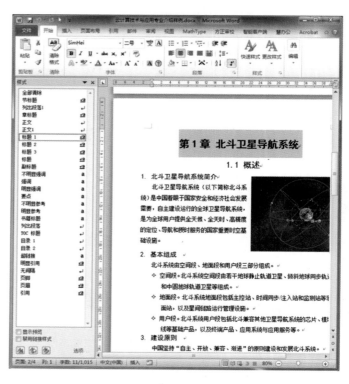

图 3-81　"样式"选项卡

提示：

如果"样式"组中的"标题 1""标题 2""标题 3"样式不是自己想要的格式，那么可以根据需要对其格式进行修改。以修改"标题 1"格式为例，方法为右击"标题 1"按钮，在弹出的快捷菜单中选择"修改"选项，在打开的"修改样式"对话框中进行设置即可，如图 3-82 所示。

图 3-82　"修改样式"对话框

③ 在文中将所有标题设置完毕后，在正文前插入一个空白页，然后单击"引用"→"目录"组→"目录"按钮，在打开的下拉菜单中选择一种目录样式，即可自动生成目录，如图 3-83 所示。生成的目录如图 3-84 所示。

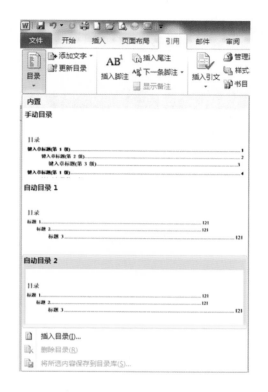

图 3-83 "目录"下拉菜单

图 3-84 生成的目录

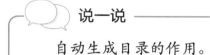

说一说

自动生成目录的作用。

3.5.4 批量制作"录取通知书"

在日常工作中，人们经常会遇见这种情况——处理文件的主要内容基本都是相同的，只是具体数据有变化而已，如准考证、请柬、通知书、毕业证、信件等。在填写大量格式相同、只修改少数相关内容、其他文档内容不变时，人们可以灵活运用 Word 邮件合并功能，不仅操作简单，而且还可以设置各种格式、打印效果很好，提高了工作效率。

小华完成了"中国科技——北斗卫星导航系统"介绍文档的编辑工作，现在开始完成批量制作"录取通知书"的任务。这个任务需要用邮件合并功能，包括准备录取新生信息表文件、制作录取通知书模板、邮件合并、信函、选取数据源、插入邮件合并域、打印文档等技能。具体操作步骤如下。

① 准备好需要制作录取通知书的考生信息，保存到 Excel 文件中，如图 3-85 所示。

② 制作录取通知书 Word 模板。在 Word 中插入背景图片，接着在图片上插入文本框，并输入必要的文字。除个人信息外的其他内容填写完整并排版好，如图 3-86 所示。

图 3-85　录取新生信息表

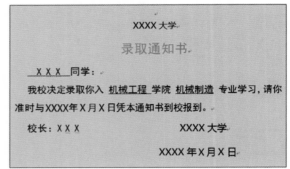

图 3-86　录取通知书模板

③ 切换至"邮件"选项卡，在"开始邮件合并"组中单击"开始邮件合并"按钮，在打开的下拉菜单中选择"信函"选项，如图 3-87 所示。

④ 在"开始邮件合并"组中单击"选择收件人"按钮，在打开的下拉菜单中选择"使用现有列表"选项，如图 3-88 所示。

图 3-87　"开始邮件合并"选项

图 3-88　"选择收件人"选项

⑤ 打开"选取数据源"对话框，选择"××××年录取新生信息表.xlsx"文件，单击"打开"按钮，如图 3-89 所示。

⑥ 打开"选择表格"对话框，选择数据所在的工作表并单击"确定"按钮，如图 3-90 所示。

⑦ 在"开始邮件合并"组中单击"编辑收件人列表"按钮，打开"邮件合并收件人"对话框，如图 3-91 所示。

图 3-89　"选取数据源"对话框

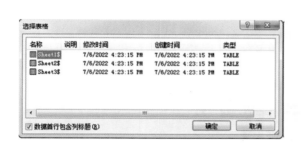

图 3-90　"选择表格"对话框

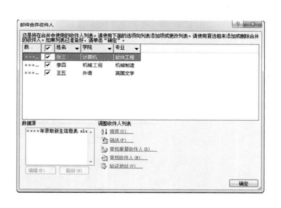

图 3-91　"邮件合并收件人"对话框

⑧ 将插入光标定位在录取通知书模板的"姓名"所在位置，在"编写和插入域"组中单击"插入合并域"按钮，如图 3-92 所示，在打开的"插入合并域"下拉菜单中选择"姓名"选项，如图 3-93 所示。以同样的方法，插入光标定位到"学院"所在位置，然后单击"插入合并域"按钮，选择"学院"选项；插入光标定位到"专业"所在位置，然后单击"插入合并域"选项，选择"专业"选项。

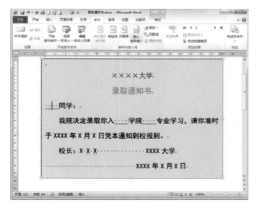

图 3-92　录取通知书文件窗口

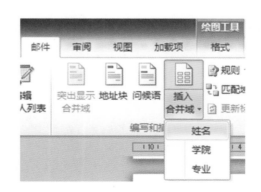

图 3-93　"插入合并域"选项

⑨ 单击"完成"组中的"完成并合并"按钮，在打开的下拉菜单中选择"编辑单个文档"或"打印文档"选项，即可完成邮件合并工作，如图 3-94 所示。

图 3-94　完成邮件合并

⑩ 设置完成后，单击"预览结果"组中的"预览结果"按钮，查看结果是否正确，完成示例如图 3-95 所示。

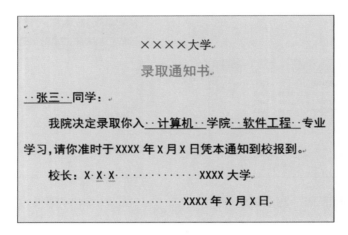

图 3-95　录取通知书预览

 说一说

批量制作提高工作效率的案例。

◆　探究与实践

用 WPS 办公软件完成"编排文档"和批量制作"录取通知书"的任务。

考 核 评 价

序 号	考 核 内 容	完 全 掌 握	基 本 了 解	继 续 努 力
1	了解图文编辑软件及工具的特点，能根据业务需求综合选用；了解图文编辑相关的业务、版式规范；提升美学常识			
2	会使用不同功能的图文编辑软件来创建、编辑、保存和打印文档，会进行文档的类型转换与文档合并；掌握文档信息的查询、校对、和批注方法；掌握文档信息的加密和保护方法；强化信息安全保护意识			
3	熟练设置文字、段落和页面格式；使用样式进行文本格式的快捷设置；提升工作效率			
4	熟练选用适用软件或工具制作不同类型的表格并设置格式；掌握文本与表格的相互转换方法；养成良好的工作习惯			
5	熟练选用适用软件或工具插件绘制数学公式、图形符号、示意图、结构图、二维和三维模型等图形；提升创新能力			
6	熟练使用目录、题注等文档引用工具；能应用数据表格和相应工具自动生成批量图文内容；巧用工具，提高效率			
7	了解图文版式设计基本规范，掌握文、图、表的混合排版和美化处理；提升美学常识			
收获与反思	通过学习，我的收获： 通过学习，发现的不足： 我还需要努力的地方：			

本 章 习 题

一、选择题

1. WPS 文字是_____。

    A．文字编辑软件   B．系统软件

    C．硬件   D．操作系统

2. 若 Word 启动后，屏幕上打开一个 Word 窗口，它是_____。

    A．用户进行文字编辑的工作环境   B．"格式"选项卡

    C．功能区   D．"工具"菜单

3. 在 Word 中快速访问工具栏上的 ↶ 按钮的功能是_____。

    A．撤销上次操作   B．加粗

    C．设置下画线   D．改变所选内容的字体颜色

4. 在 Word 进行编辑时，要将选定区域的内容放到剪贴板上，可单击"开始"选项卡中的_____按钮。

    A．剪切或替换   B．剪切或清除

    C．剪切或复制   D．剪切或粘贴

5. 使图片按比例缩放应选用_____。

    A．拖动中间的句柄   B．拖动四角的句柄

    C．拖动图片边框线   D．拖动边框线的句柄

6. 能显示页眉和页脚的方式是_____。

    A．草稿视图   B．页面视图   C．大纲视图   D．Web 版式视图

7. Word 的页边距可以通过_____进行精确设置。

    A．页面视图下的"标尺"

    B．"开始"选项卡中的"段落"

    C．"文件"菜单下"打印"选项里的"页面设置"

    D．"文件"菜单下的"选项"

8. 用 Word 编辑完一个文档后，要想知道其打印后的效果，可使用_____功能。

    A．打印预览   B．模拟打印   C．提前打印   D．屏幕打印

9. 如果用户想保存一个正在编辑的文档，但希望以不同文件名存储，可用_____命令。

    A．保存   B．另存为   C．比较   D．限制编辑

10．给每位家长发送一份"录取通知书"，用＿＿＿＿＿＿功能最简便。

　　A．复制　　　　　　　B．信封　　　　　　　C．标签　　　　　　　D．邮件合并

11．Word 文档默认使用的扩展名是＿＿＿＿＿＿。

　　A．.rtf　　　　　　　B．.txt　　　　　　　C．.docx　　　　　　D．.dotx

12．在 Word 中，执行命令有多种方法，其中激活"快捷菜单"的方法是＿＿＿＿＿＿。

　　A．单击鼠标左键　　　　　　　　　　B．单击鼠标右键

　　C．双击鼠标左键　　　　　　　　　　D．双击鼠标右键

13．在 Word 中，若需保存当前正在编辑的文件，利用的组合键是＿＿＿＿＿＿。

　　A．【Ctrl+S】　　　B．【Ctrl+D】　　　C．【Ctrl+V】　　　D．【Ctrl+P】

14．在 Word 的编辑状态中，如果要输入罗马数字"Ⅸ"，需要使用的组是＿＿＿＿＿＿。

　　A．插图　　　　　　　B．符号　　　　　　　C．页眉页脚　　　　　D．工具

15．在 Word "打印"窗口的"页面范围"选项中，"当前页"是指＿＿＿＿＿＿。

　　A．光标所在的页　　　　　　　　　　B．窗口显示的页

　　C．第一页　　　　　　　　　　　　　D．最后一页

二、判断题

1．在 Word 中可以插入表格，而且可以对表格进行绘制、擦除、合并和拆分单元格、插入和删除行/列等操作。　　　　　　　　　　　　　　　　　　　　　　　（　　　）

2．在 Word 中，表格底纹设置只能设置整个表格底纹，不能对单个单元格进行底纹设置。
　　　　　　　　　　　　　　　　　　　　　　　　　　　　　　　　（　　　）

3．在 Word 中，"行和段落间距"或"段落"提供了单倍、多倍、固定值等行间距选择。
　　　　　　　　　　　　　　　　　　　　　　　　　　　　　　　　（　　　）

4．在 Word 中可以插入"页眉和页脚"，但不能插入"日期和时间"。　　（　　　）

5．在 Word 中建立组织结构图后，不能改变其布局。　　　　　　　　　（　　　）

6．在 Word 中插入数学公式后，不能再修改。　　　　　　　　　　　　（　　　）

7．在 Word 中双击"格式刷"按钮，可以多次复制格式。　　　　　　　（　　　）

8．在 Word 中可以插入图表，用于演示和比较数据。　　　　　　　　　（　　　）

9．在 Word 中，对所选段落可以添加项目符号或编号。　　　　　　　　（　　　）

10．在 Word 中，页眉和页脚可以设置奇偶页不同。　　　　　　　　　（　　　）

三、填空题

1．在 Word 中，要调整文档段落之间的距离，应使用＿＿＿＿＿＿＿＿对话框中的"缩进和间距"选项卡。

2．在 Word 中，要在页面上插入页眉和页脚，应使用_____选项卡的"页眉和页脚"组。

3．在 Word 中，给文档添加页码应选择_____选项卡中的"页眉和页脚"组。

4．Word 中的段落对齐方式有_____、_____、_____、_____和_____五种。

5．Word 提供了三种字母间距的选择：_____、_____和_____，系统默认采用_____的格式。

6．在 Word 文档的表格中将一列数字相加，可使用求和函数，其他类型的计算可使用"表格工具"→"布局"选项卡下的_____选项。

7．在 Word 中，给图片或图像插入题注是选择_____选项卡中的命令。

8．Word 的邮件合并功能，除需要主文档，还需要_____支持。

9．在已经打开的 Word 窗口中，要建立新的文档可用快捷键_____。

10．在编辑 Word 文档时，为避免文档意外丢失，可用快捷键_____存盘。

四、操作题

给自己设计并制作一款精美的求职简历，主要包括以下内容。

1．基本情况

姓名、性别、出生年月、照片、学历/学位、毕业院校、专业、地址、邮政编码、电话号码、邮箱等。

2．求职目标

简述目前的求职目标。

3．学习经历

简述从初中阶段开始的学习经历。

4．就业经历

首先列出最后一份工作，然后依次向前追溯。所列内容包括：每次就业的日期（写出季节或月份即可）、头衔、公司名称和工作地点、所从事的工作。

5．主要成绩及获奖情况

6．取得的职业资格证书

7．所学主要课程

8．附件

包括履历表、学历证书、培训证书、获奖证书、其他证明材料等。